给青少年的
创新思维课

如何运用设计思维
解决一个问题

郑懿——著

设计思维是一种创造性解决问题的思维方法和工具。本书旨在帮助小学高年级到初中的孩子发展设计思维，从而提升创新能力和解决实际问题的能力。

全书分为两大部分：第一部分言简意赅地向读者介绍什么是设计思维，为什么需要培养设计思维，以及设计思维的基本原则和实践环节；第二部分由一系列与孩子生活、学习、社交以及社会责任密切相关的实践项目组成，孩子可以在家长的帮助和引导下，通过这些有趣又有现实价值的实践项目，学习和掌握设计思维的思维方式和问题解决方式，培养创造力，发展解决实际问题的能力。

图书在版编目（CIP）数据

给青少年的创新思维课：如何运用设计思维解决一个问题 / 郑懿著. -- 北京：机械工业出版社，2025.
1. -- ISBN 978-7-111-77501-0

I. B804-49

中国国家版本馆CIP数据核字第2025GS4604号

机械工业出版社（北京市百万庄大街22号　邮政编码100037）
策划编辑：陈　伟　　　　　责任编辑：陈　伟
责任校对：龚思文　刘雅娜　　责任印制：任维东
北京瑞禾彩色印刷有限公司印刷
2025年5月第1版第1次印刷
145mm×210mm・11印张・172千字
标准书号：ISBN 978-7-111-77501-0
定价：69.80元（含工具手册）

电话服务　　　　　　　　　网络服务
客服电话：010-88361066　　机　工　官　网：www.cmpbook.com
　　　　　010-88379833　　机　工　官　博：weibo.com/cmp1952
　　　　　010-68326294　　金　书　　　网：www.golden-book.com
封底无防伪标均为盗版　　　机工教育服务网：www.cmpedu.com

推荐序

提出问题,而不是直接给出答案

亲爱的读者,当我坐下来撰写这篇序言时,我不禁回想起无数个时刻,设计思维不仅塑造了我的职业生涯,也在我作为父母的个人旅程中成为一盏指路明灯。我在斯坦福大学度过了三十多年的时光,曾担任副教务长的角色,我有幸亲眼见证了设计思维在教育和创新中的变革力量。这种力量很简单——提出问题,而不是直接给出答案。

我清晰地记得设计思维如何改变了我在斯坦福的工作旅程。2011年,我被任命为斯坦福职业发展中心的执行主任。虽然我觉得自己能够胜任这一角色,但我却因为被期望无所不知而感到焦虑。毕竟,这不正是一个领导者应该做到的吗?

幸运的是,就在那个时候,我参加了斯坦福 d.school 为期三天的高管设计思维课程。课程的内容令人醍醐灌顶！我意识到一个简单却深刻的真理——我的工作并不是要掌握所有的答案，而是要提出正确的问题。

这一启示让我在面对团队中的挑战时，提出了一个最有力且包容的问题："你怎么看？"这个看似简单的问题其实起到了三个至关重要的作用：

1. 强调了我对团队成员意见的真诚兴趣，有效地消除了决策过程中职位高低的影响。
2. 它表明我将他们的见解视为与我的意见同等重要，甚至在某些情况下更有价值。他们的视角往往更接近问题本身，因此提供的洞见极具参考价值。
3. 它促成了团队对最终解决方案的共同拥有感。通过让团队成员参与创意构思的过程，他们会对实施结果产生责任感，在执行方案时更加投入。

这种方法以设计思维原则为核心，不仅提升了我们解决问题的能力，还培养出了一种更具协作精神和创新性的团队文化。它彻底改变了我的领导方式，使我从一个被期望无所不知的管理者，转变为一个充满好奇心并依赖集体智慧的领导者，最终带来了更有效和更具创造力的解决方案。

然而，对设计思维的应用并不仅仅局限于学术殿堂或企业环境中。事实上，它完全可以被运用在我们的日常生活中，特别是在家庭教育中,在育儿的波涛汹涌中。

没有人天生就懂得如何做一个合格的父母,每个孩子也都是独一无二的。我仍然记得,有一天,我的儿子带着一丝淘气的眼神回家,手里拿着他从附近商店"借来"的物品。面对这样的情况,我没有愤怒地指责,而是决定利用设计思维的方式来应对。我们开启了一场关于"同理心"的对话,我尝试向他提问:发生了什么?你当时是怎么想的?你是否有其他选择?你的行为会对自己、店主、朋友产生什么影响? 我的目标是理解他行为的根本原因,并通过设计思维的方式帮助他找到更好的解决方案,而不是单纯地用情绪化的方式进行批评。

接着,在"头脑风暴"环节,我们一起想办法弥补错误。最终,我的儿子不仅主动归还了物品,还向店主真诚地道了歉。这次经历成为他人生中的一次重要的学习同理心和问题解决能力的体验——而这一切,都要归功于设计思维的方法。

还有一次,我的女儿面临高中转学,选择新的学校让她感到不知所措,但设计思维再次拯救了我们。我们采用"原型制作"的方法,模拟不同的场景,列出每所学校的优缺点,甚至花时间探索她如何在做出决定之前体验每所学校。最后,我们还进行了一场"未来愿景"探讨:如果你从这两所学校毕业,你的未来会是什么样子?大学会如何看待你的求学经历?哪个选择能最好地培养你的才能,同时为你的未来创造更多可能? 通过这一过程,她不仅缓解了焦虑,还更加自信地做出了最终选择。

这些亲身经历传达了一个至关重要的信息：**设计思维不仅仅是一种专业工具，还是一种生活技能**。这也是为什么我对你即将阅读的这本书感到如此兴奋！它连接了硅谷的创新精神与中国深厚的文化底蕴，为父母们提供了一种全新的视角，帮助大家更好地引导孩子应对生活中的各种挑战。

在你踏上这段旅程时，请记住，**设计思维的关键不仅仅是最终的结果，而是整个过程本身**。它关乎培养好奇心，将失败视为成功的垫脚石，并将挑战转化为成长的机会。最重要的是——它应该是充满乐趣的！

所以，亲爱的父母们，你们准备好戴上"设计思维"的帽子，与孩子们一起踏上这场激动人心的探索之旅了吗？相信我，未来的旅程会充满"顿悟"时刻、欢笑和改变人生的体验，这不仅会增进你与孩子之间的亲密关系，也将帮助孩子更好地适应未来瞬息万变的世界。

让我们一起出发，探索设计思维如何通过创造性的解决方案，彻底改变你的养育方式！

向你们致以温暖的祝福！

保罗·马卡（Paul Marca）
2025 年 3 月 4 日于硅谷

前 言

设计思维:用"好奇心"打败"灰心"

亲爱的读者,欢迎翻开这本满载希望与热忱的书。此刻,我想先带你回到一个遥远却温暖的地方——乌兰察布的乡村小学。

那一天,天空很蓝,孩子们的眼神比天空还要澄澈。我站在简陋的教室里,心中满是忐忑与期待:这些从未听闻"设计思维"的孩子,能否理解这一看似高深的概念?然而,当我看到那一双双充满好奇与渴望的眼睛时,我便确信,他们内心深处蕴藏着无限潜力和热情。

随着课程的展开,孩子们的热情迅速点燃了整个教室:有人迫不及待地动手实验,有人踊跃提出创意点子,还有人主动为队友加油鼓劲。原本我以为对于这些孩子有点遥不可及的"设计思维",竟在这里闪耀出独特的光彩。

下课后，孩子们围着我兴奋地问道："老师，你下次什么时候再来？我们还能不能再做这么有趣的事情？"那一刻，他们纯粹的热情令我动容——在他们的世界里，只要保有那份纯真的好奇，即使是日常的小问题，也能激发出解决问题的无穷动力——原来"好奇心"可以打败"灰心"！

这段经历让我陷入深思：为何源自斯坦福、风靡硅谷的设计思维，在偏远乡村的教室中也能激发如此强大的能量？答案恰恰藏在设计思维最朴实的本质中——它就像一张神奇的"问题解决地图"，清晰地引导我们通过"换位思考—定义问题—创意构思—原型制作—测试反馈"这五个步骤，逐步找到那令人惊叹的解决方案。

在我撰写本书之时，人工智能正以惊人的速度迅速发展。ChatGPT、DeepSeek 等 AI 助手的出现，让许多人担忧未来的工作是否会被 AI 取代。那么，我们的孩子究竟该学些什么，才能在这个充满不确定性的未来中立足？事实上，AI 的发展正印证了设计思维的重要性。因为无论 AI 多么强大，它始终只是一个工具。唯有具备换位思考、发现问题、精准定义需求与创新构思能力的人，才能驾驭这一工具，创造出一个又一个"Aha！"时刻。正如乌兰察布的孩子们，他们虽然未曾接触过最前沿的科技，但只要他们具备观察、思考和创新的能力，就会拥有真正的"未来能力"。

令人欣喜的是,设计思维的魔力就在我们身边:无论是如何让早餐更受欢迎、社交软件的头像更炫酷,还是如何温情化解小伙伴间的矛盾,或是如何为流浪动物提供更贴心的关爱——孩子们的创新能力正悄然在家庭、学校和社区中萌芽。这种能力不仅属于乌兰察布那些脚踏实地却仰望星空的孩子,也属于城市中对未来充满好奇、渴望学习的每一位少年。

正因如此,这本书应运而生。它绝非枯燥的说教,而是一系列实用而富有趣味的探索活动;既是激励孩子勇敢探索的"撒野地图",也是家长与孩子携手实践、共同思考的行动指南。每一项实践活动都在告诉我们:当好奇心遇上设计思维,灰心与困难终将被击败,创新的火花就会在每个角落悄然迸发。

在此,我特别感谢斯坦福大学前副教务长、著名设计思维专家保罗·马卡(Paul Marca)先生对我的悉心指导。二十多年来,他在设计思维教育领域的研究与耕耘,尤其是对设计思维在家庭教育中独特价值的强调,为本书的写作指明了方向。同时,我也要感谢我的爱人和儿子,正是你们的爱和支持,使我得以坚定地追寻梦想,将设计思维的魅力传递给更多孩子和家庭。

亲爱的读者朋友,希望这本书能为你带来启迪与力量,成为你探索创新世界的"指南针"。在这个 AI 飞速发展的时代,愿设计思维为你开启无限可能,帮助你用创新的方法应对现实中的各种挑战。愿每个孩子都能毫不犹豫、毫无保留地勇敢追梦,用你们的好奇心与热情打开创新的大门,点燃世界,为未来注入无限活力!

郑　懿

目 录

推荐序　提出问题，而不是直接给出答案
前　言　设计思维：用"好奇心"打败"灰心"

第一章　为什么青少年要学习设计思维

设计思维是什么 / 002

1 设计思维：带着创意去解决问题 / 002

2 设计思维 VS 工程思维：如何造好一座桥 / 006

设计思维能带给你什么 / 011

1 掌握应对"新问题"的方法 / 011

2 完善你的学习内容和方式 / 012

3 成为明日的问题解决者 / 014

第二章　如何拥有设计思维的能力

设计思维的思维模式（Mindsets）：六种基本心态 / 018

1. 同理心（Empathy） / 018
2. 保持好奇（Curiosity） / 019
3. 不断尝试与迭代（Iterative Experimentation） / 019
4. 开放心态（Open-mindedness） / 020
5. 保持专注（Focus） / 020
6. 深度合作（Deep Collaboration） / 021

运用设计思维解决问题：五个基本步骤 / 022

1. 第一步：换位思考（Empathize），用他的眼睛去看，用他的心去感受 / 022
2. 第二步：定义问题（Define），发现未被满足的需求 / 024
3. 第三步：创意构思（Ideate），天马行空，让点子自由飞翔 / 025
4. 第四步：原型制作（Prototype），将想法变成现实 / 026
5. 第五步：测试反馈（Test），分享创意，用好奇心打败灰心 / 027

第三章　在生活中练习设计思维 / 029

自制一份美味的三明治早餐 / 030

1 为什么早餐体验容易被忽视 / 030

2 什么早餐更让人心动 / 034

3 创造你的"个性三明治"！ / 037

4 马上动手制作你的三明治 / 040

5 大胆让三明治接受挑战！ / 042

重新布局你的房间 / 045

1 你的房间是一个待解的迷宫 / 045

2 房间有哪些地方可以改变 / 048

3 怎样的布局更酷、更实用 / 051

4 开始动手调整 / 053

5 来，看看我的新空间！ / 056

打造个人高能日程表 / 059

1 你的日常，可以很高能哦！ / 059

2 规划日程，寻找心流 / 062

3 打造元气满满的日程表 / 064

4 快动手，让高能的日程成真！ / 067

5 哇哦，每天都是正能量 / 070

给父母的惊喜生日礼物 / 073

1 是时候了解父母的梦想了! / 073
2 确定一个特别的生日礼物目标 / 076
3 寻找个性化的礼物设计 / 079
4 手工制作礼物原型 / 082
5 为父母带来惊喜! / 084

第四章　在学习上运用设计思维 / 087

互动式学习提醒卡 / 088

1 想象一下,知识点像宝藏一样等你来发掘! / 088
2 找出已知和还没探索的宝藏 / 092
3 设计你的魔法卡片! / 095
4 做一张你的互动学习卡 / 097
5 那些难题是不是都变简单了 / 099

打造个人进步行动计划 / 102

1 想想你的亮点和待改进之处 / 102
2 决定要探索哪些领域 / 105
3 回想过去、观察现在、预测未来 / 107
4 制订你的行动计划 / 110
5 从你的点子里,挑几个试试! / 112

属于自己的学习目标墙贴 / 115

1. 思考并列出短期和长期的学习目标 / 115
2. 将目标简化为简短的词语或符号 / 119
3. 为每个目标制作一个吸引人的墙贴 / 121
4. 制作墙贴,摆放出来 / 124
5. 每天审视你的墙贴并记录进度 / 126

妙手整理网络学习资源 / 129

1. 找到跟你兴趣匹配的资源 / 129
2. 整理"捞上来"的内容 / 133
3. 尝试把资源组合成特色学习线路 / 135
4. 挑一条学习线路尝试运用 / 138
5. 别忘了更新你的方法 / 140

第五章 用设计思维提升社交技能 / 143

探索和朋友共同的爱好 / 144

1. 和朋友列出你们的爱好 / 144
2. 发现你们共同的新起点 / 147
3. 为共同的爱好出个活动计划吧! / 150
4. 行动!实践你们的计划! / 152
5. 聊聊体验,再变得更好 / 154

成为社交礼仪达人 / 157

1 生日派对、家庭聚餐、学校汇报——你最期待哪个 / 157
2 别人都怎么做的 / 161
3 融入你的风格 / 163
4 和朋友一起模拟 / 167
5 在现实中大展身手 / 170

设计一个只属于你的头像 / 173

1 回想你最骄傲的瞬间和爱好 / 173
2 找出你喜欢的主题 / 176
3 创造你的独有头像 / 179
4 赶紧做个专属的模板 / 182
5 用你的个性头像让大家眼前一亮 / 184

第六章　用设计思维履行社会责任 / 187

温暖社区的爱心书屋 / 188

1 让书香飘满社区 / 188
2 找到阅读的桥梁 / 192
3 理想的爱心书屋 / 195
4 动动手，制作小书屋模型 / 199
5 邀请大家来体验 / 202

守护我们的"毛茸茸"朋友 / 205

1 走进流浪动物的世界 / 205

2 发现"毛茸茸"们的需求 / 209

3 策划流浪动物保护方案 / 212

4 用手思考,设计"毛茸茸"的安全小窝 / 215

5 让大家一起参与 / 218

帮助爷爷奶奶轻松使用科技 / 222

1 科技小帮手上线! / 222

2 噢,老人家原来是这样的 / 226

3 打开脑洞,看我的 / 229

4 制作"神器",大显身手 / 232

5 爷爷奶奶们,来围观吧 / 235

结语 用设计思维让世界变得更美好 / 238

第一章

为什么青少年要学习设计思维

设计思维是什么

1 设计思维：带着创意去解决问题

设计思维，这个在全球范围内受到极高关注，尤其在青少年中广受欢迎的概念，究竟说的是什么呢？

首先，让我们先来探索一些知名人物对设计思维的定义和描述：

史蒂夫·乔布斯（Steve Jobs）强调，设计"不仅仅是外观和感觉"（not just what it looks like and feels like），更关键的是"它是如何工作的"（how it works）。

IDEO 公司的首席执行官**蒂姆·布朗**（Tim Brown）定义它为："以人为中心的创新方法论。"

著名心理学家**赫伯特·西蒙**（Herbert A. Simon）则这样描述："设计是把现在的情况变得更好"。

通过这些名人、专家的观点,我们可以看出设计思维不仅仅是关于"看起来好看",它更多的是关于"如何更好地工作",或更具体地说,它是"如何更有创意地解决问题"。

为了帮助你更好地理解设计思维,我们来进行一个想象练习。

现在,想象你是一个厨师。

在你面前摆放着各种食材。你当然可以依照食谱,一步一步照做,相信你也会烹制出一道不错的菜肴。这样虽然安全但缺乏创意。而你的朋友或家人每个人都有自己独特的饮食需求和口味,如何让他们真正满意,就成了你的挑战。

那么,换个方式吧!

你开始尝试、探索甚至打破原来的食谱,你可以根据朋友的口味或者你家人的喜好来调整食谱,制作出一道新菜,满足他们独特的喜好。

这就像设计思维：首先，了解需要（你的朋友或家人的口味），然后运用你的知识和创意来烹饪，创造一个新方案（新菜肴）。如果第一次的制作（试制新菜）不合他们的口味，没问题，你要学会根据反馈进行调整（收集朋友或家人品尝的意见进行调整），下次再改进，再次尝试，直到满足他们的口味，成就一份独特的佳肴。

这个过程就是设计思维的精髓：**深入了解需求，然后创造性地解决问题，再反复优化直到最佳**。而生活中的很多问题，就像做菜。我们可以选择按照菜谱按部就班，也可以选择用设计思维的方法去"烹饪"，从需求出发找到最适合的解决方案，并最终让人们感到满意。

设计思维作为一种深入洞察、跨学科合作和快速迭代的创新方法，鼓励青少年以用户为中心，用系统化的方法创造性地解决问题。将这种思维方式应用到不同的领域，无疑会大大增强青少年的问题解决能力。

提到设计思维的全球影响力，不得不提 IDEO 和斯坦福大学的 d.school 这两个典型代表。

IDEO：起初，IDEO 主要是一家产品设计公司，他们的设计团队在为苹果公司设计早期的鼠标时开始采纳与推进设计思维。这种设计方式更强调用户的实际需求而不仅仅是产品的外观。他们强调的"以人为本"的方法很快在其他领域中得到了应用。IDEO 的方法是如此成功，以至于其他公司也开始关注并尝试这种方式来推动内部创新。

斯坦福大学的 d.school：随着设计思维的影响力越来越大，斯坦福大学看到了它在教育上的潜力。2003 年，斯坦福大学与 IDEO 的创始人大卫·凯利（David Kelley）合作，创建了 d.school，也就是斯坦福大学的设计学院。在这里，学生不仅学习设计思维，更被鼓励进行跨学科合作，这样的教育模式是为了培养出能够面对 21 世纪挑战的创新者。

在全球，特别是在硅谷，设计思维被视为推动创新的重要工具之一。许多知名企业，如谷歌、苹果和亚马逊，都积极采纳这种方法进行产品设计、团队协作和项目管理。

现在，设计思维已经不局限于硅谷或设计领域，它已经是全球各个领域的企业和组织在解决复杂问题时的首选方法之一。无论是小型初创企业还是大型跨国公司，都在尝试应用设计思维推动自己的产品和服务到一个新的高度。

总的来说，设计思维不仅仅是一种思考方式，更是一种行动的指南，帮助人们更好地理解用户，发掘需求，并快速迭代找到最佳解决方案。今天，设计思维已从一个产品设计的方法演变为一个全球性的创新运动，在这个快速变化、充满挑战的时代，设计思维提供了一种新的、有效的应对策略，提供了一种全新的思考和操作的方式，让人们能更好地应对当今世界的复杂性和不确定性。

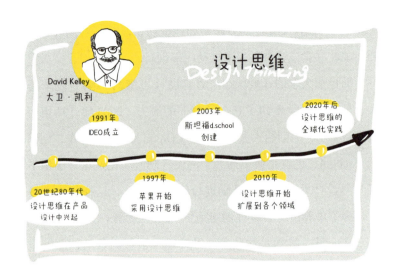

2

设计思维 VS 工程思维:如何造好一座桥

下面,让我们来了解一下设计思维和我们从小到大熟悉的工程思维到底有什么区别吧!

当我们面对一个问题时,例如"如何过河",工程思维和设计思维会提供两种截然不同的解决路径。

工程思维:安全的桥

工程思维(如下图所示)主要关注如何实现目标,面对"过河"这一需求,会立即跳到一个解决方案:搭一座桥。

有了详细的计划和图纸,可以按图施工,保证桥的安全和稳固。正因为有了工程思维,人们在各种不同的地点和条件下,可以建造出类似的、结实可靠的桥。它注重的是效率和功能性,使人们能安全、快速地从 A 点到 B 点。

来看看工程思维的**关注点**有哪些。

详尽规划:工程师们会制订详细的建桥计划并画出图纸,确保每一个构造都符合技术标准。

效率导向:工程思维关注如何高效地完成桥梁建设,例如,选择最经济实惠的材料,确保施工速度。

功能至上:重点放在桥梁的承重、稳定性和耐久性上,以确保安全过河。

重复实用：这种思维模式倾向于采用标准化、可复制的设计，这意味着在不同地点可以建造出功能相似的桥梁。

设计思维：能带来美好感受的桥

相比之下，设计思维（如下图所示）则会先停下来，询问一个更深层次的问题："为什么人们想要过河？"或者"过河的体验可以怎样变得更好？"有了设计思维，不同人的不同感受和需求被关注到了。它着眼于用户的真正需求和期望，可能会设计出一座不仅仅为了通行而存在的桥，它还为人们提供休息或欣赏风景的机会，带来美好的体验。

可以看到，设计思维的关注点与工程思维非常不同。

深入理解用户：设计思维会先调研过河的人们的需求，了解他们除了过河外是否还有其他期待，例如欣赏河景或休息。

创新设计：在获得用户反馈后，设计师可能会考虑到不仅仅是搭建一座简单的桥，而是创造一个既实用又美观的空间，如加设观景平台或休息区。

用户体验为先：设计思维更注重整体的用户体验，比如桥梁的美学设计、是否容易走动、是否有足够的照明和安全措施，甚至桥上的植被配置。

可持续与环境友好：设计思维还可能考虑桥的建设对周围环境的影响，尽可能使用环境友好的材料和技术。

综合考量：实用与体验并重

在这个过程中，设计思维与工程思维的结合可以产生最佳效果。工程师的技术专长确保桥梁的安全性和实用性，而设计思维的创意则提升桥梁的美学价值和用户体验。

例如，桥梁的结构设计必须确保安全，这是工程师的专业所在。而在桥的两侧增加安全的人行道、设置观景区或在桥上植树等元素，则是设计思维的体现。这样，它不仅仅是一座桥，它还成为连接两岸的艺术品，一个休闲和欣赏自然美景的场所。

最终，结合这两种思维方式，我们不仅得到了一座安全桥，还得到了一座能够满足多种需求、提供愉悦体验的桥。

所以，**工程思维**解决了人们高效安全地走到对岸的问题，而**设计思维**则解决了让人们在桥上留下美好体验的问题。工程思维为我们提供了有效、可靠的解决方案，而设计思维则使我们能深入挖掘用户的需求，创造更具吸引力和更有意义的解决方案。如果我们既能具备工程思维的实用性，又能深入理解和应用设计思维的创造性，就能更好地面对未来的挑战。

设计思维能带给你什么

1. 掌握应对"新问题"的方法

在今天的快速变化的世界里,青少年面临着许多的"新问题"。这些问题通常不是传统意义上的、可以简单解决的挑战。它们往往复杂、不确定且常常是多维度的。这类"新问题"也被称作"棘手问题"(wicked problem)。面对这些"棘

手问题",传统的解决方法往往显得力不从心,需要更灵活、创新的思维方式来应对。

例如,现代生活中智能设备和应用程序的普及,青少年需要在数字世界和现实世界中找到平衡,保证与家人的高质量互动时间。在学习方面,他们需要在海量的在线课程中筛选出真正有用且适合自己的知识资源。社交媒体上,他们需要学会识别真假信息,防止被错误的或有偏见的信息误导。此外,在社区参与方面,青少年也需要学会识别真正有意义的公益活动并参与其中,这不仅对他们个人的成长有益,也能对社会产生积极影响。

2 完善你的学习内容和方式

青少年面临的"新问题"让传统的学习方法显得不太够用了。例如,过去我们常常强调"努力学习,取得好成绩,就能获得好工作",然而,在 AI 和自动化技术迅猛发展的今天,许多曾被视为"稳定"的职业正在逐渐消失或被技术取代。单纯依赖于传统学术知识的教育模式,可能不足以让青少年适应劳动力市场的这种变化。

在社交技能的培养方面,情况也类似。尽管过去青少年可以通过学校和社区的日常互动学习社交技巧,但现在社交媒体和数字技术已经大幅改变了人们的交流方式。仅凭传统的面对面社交技能,可能不足以帮助青少年在数字时代有效地维护人际关系、应对网络霸凌或识别假消息。

当涉及社区参与时,尽管鼓励青少年参加学校社团或社区活动依然有其价值,但在现在这个充斥着无数线上和线下活动的时代,如何做出有意义的选择变得更为复杂。孩子们需要学会如何在众多活动中辨别哪些是真正有价值的,哪些可能仅仅是为了保持社交媒体上的"存在感"或"填充简历"。

因此,我们需要向青少年提供新的工具和更先进、更有创造性的思维方法,让他们应对这个充满变数和不确定性的时代。

3 成为明日的问题解决者

明天的问题未必有明确的答案,但深呼吸,当我们有了设计思维这一秘密武器,青少年们就可以成为有创造力的问题解决者。设计思维在这里扮演了重要角色。它鼓励青少年超越传统框架,从新的视角看待问题,用创新的方式进行思考和解决问题。因为它不仅是工具方法,更是一种与世界互动、解决问题的新视角、新思维。

- **培养青少年的同理心**：设计思维首先是以人为本的。它鼓励青少年站在他人的角度看问题，理解他人的需求和情感。在家庭中，这可以增强家人之间情感纽带的链接。在社会上，这不仅能够帮助他们更好地与他人合作，还可以培养他们的社交和沟通能力，使他们更有同情心和责任感。

- **培养青少年的观察与反思能力**：设计思维强调观察和深入理解问题。通过鼓励青少年对日常生活中的事物进行观察和反思，设计思维可以培养他们的好奇心和发现问题的能力，让他们学会从不同的角度看待问题，寻找最佳的解决方案。

- **鼓励青少年动手实践**：设计思维注重实践和迭代。它鼓励青少年将自己的想法转化为实际的行动，不怕失败，从失败中学习，不断地调整和完善自己的设计，使其更符合用户的需求。

- **培养青少年的团队合作精神**：设计思维是一个团队合作的过程。它鼓励青少年与他人合作，学会倾听他人的意见，尊重他人的观点，培养他们的团队精神和协作能力。

- **鼓励青少年持续学习与创新**：设计思维是一个持续学习和创新的过程。它鼓励青少年保持对新知识和新技能的好奇心，勇于尝试和创新，使他们更有能力应对未来的挑战。

总的来说，通过学习设计思维，青少年们不仅可以学会一套高效的问题解决方法和工具，更重要的是，拥有了同理心、观察力、反思能力、团队精神和创新能力，他们就能真正成为未来社会的问题解决者。

第二章

如何拥有设计思维的能力

设计思维的思维模式（Mindsets）：六种基本心态

同理心（Empathy）

就像玩角色扮演游戏，戴上魔法眼镜，变成别人，看看他们眼中的世界，体会他们的喜怒哀乐。这不仅是感受，更是理解，是设计思维的开始和终点。

小贴士
- **用心倾听**：记住！用户有自己的故事要讲，所以要认真倾听。
- **保持兴趣**：倾听他人，了解他们的生活。
- **乐于分享**：与他人共同解决问题，更要重视他人的想法。

2 保持好奇（Curiosity）

就像孩子们对星星、虫子、云朵的好奇一样，对这个世界的每一个角落，每一个问题都怀抱探索之心。

小贴士
- **深入挖掘**：如果你不理解某件事，那么就直接提问。
- **好奇宝宝**：探索，并且不断提问。
- **尝试新鲜**：尝试了解你平时不接触的知识和领域，拓宽你的视野。

3 不断尝试与迭代（Iterative Experimentation）

就像学习骑自行车或画画，失败只是前进路上的一个站点。我们要不断学习、调整、再尝试。

小贴士
- **勇敢些**：不要让对失败的恐惧阻止你进行创新。
- **尝试原创想法**：不要让对失败的恐惧阻止你。
- **休息，休息一下**：用全新的视角看待问题会很有帮助。
- **可以分心**：创造性的想法往往在你最意想不到的时候出现，比如散步、游戏或做白日梦时。

第二章　如何拥有设计思维的能力　　019

4 开放心态（Open-mindedness）

接纳各种可能性，就像我们欣赏每一道彩虹的颜色，不要让思维被条条框框固化。

小贴士
- **保持开放**：新的想法往往来自意想不到的地方。
- **轮流发言**：让每个人都有机会表达想法和提问。
- **混搭主义**：与平时不常合作的人组成团队，不同的观点能激发团队活力。

5 保持专注（Focus）

在这喧嚣的世界里，找到那个真正值得我们去解决的核心问题，就像寻找夜空中最亮的星星。

小贴士
- **保持正向**：保持积极的态度，相信自己有能力找到有效的解决方案。
- **关注目标**：设定清晰的目标和优先级，专注于最重要的任务。
- **管理时间**：制订合理的时间计划，避免在不重要的任务上浪费时间。

6 深度合作（Deep Collaboration）

不是单打独斗，而是与伙伴们携手，共同创造。跨越界限，与各领域的小伙伴共同协作，汇聚出更多的智慧与创意。

小贴士
- **继续勇敢**：不要让害怕失败阻止你贡献自己的想法。
- **说"是"**：没有差的想法，一个想法乍看之下可能很狂野或"离谱"，但它可能会带你走向新的方向。
- **尊重差异**：理解和尊重每个团队成员的独特观点和贡献，包容不同的意见。

现在，你可能已经开始理解，这些思维模式不仅仅是策略或工具，更多的是我们与世界互动、思考问题的方式。

运用设计思维解决问题：五个基本步骤

你可能会认为，拥有正确的思维模式就足够了。但其实，我们还需要知道如何将这些心态有序地结合起来，创造出和谐、具有创新性的解决方案。设计思维有**五个核心阶段**，也是我们运用设计思维解决问题的五个基本步骤，每一步都至关重要。

第一步：换位思考（Empathize），用他的眼睛去看，用他的心去感受

（1）略知一二：这一步也简称共情。一如在舞台上的初次出场，我们需要与观众建立情感联结。这一步就像是进入别人身体，用他的眼睛去看他看到的世界，用他的心去感受他们的故事。我们努力理解用户的内心世界，感受他们的喜怒哀乐，也像是阅读一本精彩的小说，深入其情节和角色。设

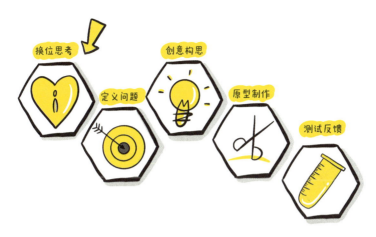

计思维同样如此,需要我们深入理解用户的需求、痛点和期望,站在他人的角度看问题。

(2)**实践方式**:

- 用户研究:进行访谈和用户调研,获取用户的直接反馈。
- 观察:亲自观察用户在自然环境中的动态,捕捉他们行为背后的情感。
- 体验:沉浸式地体验用户的生活,感同身受他们面临的挑战。

(3)**掌握要点**:

- 开放性问询:学会提问是了解用户的关键,要深入了解他人的经历和感受。
- 记录和反思:记下每一个细节,做详细笔记,从中发现隐藏的深层需求和机会。

2

第二步：定义问题（Define），发现未被满足的需求

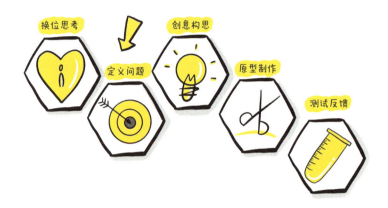

（1）略知一二：这一步也简称定义。这一步是把收集到的信息整理成清晰的问题，明确问题的核心，这是基于对用户的深入了解，确定要解决的问题。

（2）实践方式：

- 数据分析：梳理收集到的信息和数据，寻找关键点和模式，寻找其中的故事线索。
- 问题陈述：形成清晰、具体的问题陈述，清晰地表达我们需要解决的具体问题。如同为故事创作一个清晰的大纲。

（3）掌握要点：

- 批判性思维：分析信息，区分主要问题和次要问题，

确保问题定义的准确性。
- 精确表达：明确、简洁地表述问题，确保目标清晰准确。

3
第三步：创意构思（Ideate），天马行空，让点子自由飞翔

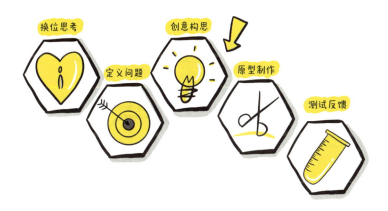

（1）略知一二：这一步也简称构思。此步骤是释放想象力的时刻，需要自由思考，提出各种可能的解决方案。我们鼓励尽可能多的创意想法，就像是舞者在舞台上的旋转，创意不受束缚自由舞动。

（2）**实践方式：**
- 头脑风暴：自由地提出各种可能的解决方案。

- 选择想法：从中筛选出最有潜力的创意。

（3）掌握要点：

- 创造力：鼓励自由思考，不受限制地探索新想法。
- 决策制定：学会从众多想法中挑选出最佳方案。

第四步：原型制作（Prototype），将想法变成现实

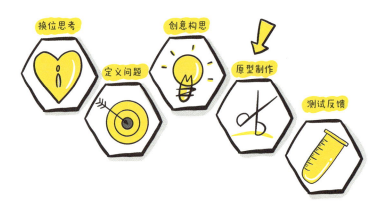

（1）略知一二：这一步也简称原型。这一步就像是为大型舞台表演进行预演，把我们的想法变成现实的展示，为创意构建一个形象。用手中的工具，把想法变成可以触摸、可以看见的原型。这也是设计思维中"用手思考"、快速创建低成

本的原型、使想法具体化的关键步骤。

（2）**实践方式**：

- 制作：使用低成本材料制作原型，为我们的创意故事创造一个模型。
- 内部测试：在团队内部测试和评估原型。

（3）**掌握要点**：

- 实践技能：学习如何将想法具体化，实际动手制作。让创意通过实践跃然纸上。
- 适应性：根据反馈快速调整，提升原型。

5 第五步：测试反馈（Test），分享创意，用好奇心打败灰心

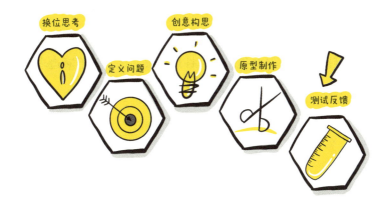

（1）略知一二：这一步也简称测试。正式的舞台表演开始，与观众的交互变得至关重要。这一步，我们将原型展示给用户，收集反馈，不要惧怕反对的意见，根据需要不断完善改进就会有进步。

（2）实践方式：

- 用户反馈：让用户使用原型、体验原型并收集意见。在舞台上，每一个掌声、喝彩都是宝贵的反馈。
- 迭代：根据反馈改进。如同为了更好的表演再次排练，我们基于反馈持续改进。

（3）掌握要点：

- 沟通：理解和接收反馈。与观众的互动是提升表演的关键。
- 问题解决：通过迭代过程改进产品。每一个舞步的调整都是为了更完美的呈现。

如同舞台上的精彩表演，设计思维的五个基本步骤也是一个持续进化、不断优化的过程，这五个步骤共同构成了设计思维的基础，帮助我们创造性地解决问题，并不断追求更好的解决方案。

第三章

在生活中练习
设计思维

自制一份美味的三明治早餐

1

为什么早餐体验容易被忽视

新的挑战

早安!新的一天又开始了,想象一下,当你在清晨被美味的三明治香气叫醒时,那份感觉是多么美妙。在我们每天的忙碌生活中,早餐很容易被忽略,但它实际上是一天中极为重要的一餐,能为我们提供能量,更是家人之间关爱和温暖的表达。这次的挑战,我们不仅要掌握如何制作诱人的三明治,更重要的是,我们要学习如何在这个过程中加入理解和关怀,将创意和爱心注入这顿简单的早餐中。

准备好了吗?一起工作,让每一顿早餐,成为家庭每个成员新一天的美好开始。

你需要知道

当我们谈论早餐,尤其是美味的三明治时,如果你开始找菜谱,翻攻略,再或者直接着手开始制作,这是工程思维。设计思维会鼓励你从关注你和家人的感受开始,因此,共情至关重要,通过共情,可以更深入地理解家人对早餐的需求和体验,你设计的三明治早餐也会更符合家人的期待。使用"同理心地图",让你能体会一下怎么共情家人。

试一下

工具名称: 同理心地图

使用方法:

(1)**确定研究对象:** 你的探索焦点是家庭成员对三明治早餐的体验。这决定了你要观察和理解的是谁的早餐习惯。

(2)**说(Say):** 在地图中"说"的部分,记录下家庭成员关于三明治早餐的言论和观点。例如,家庭成员可能会评

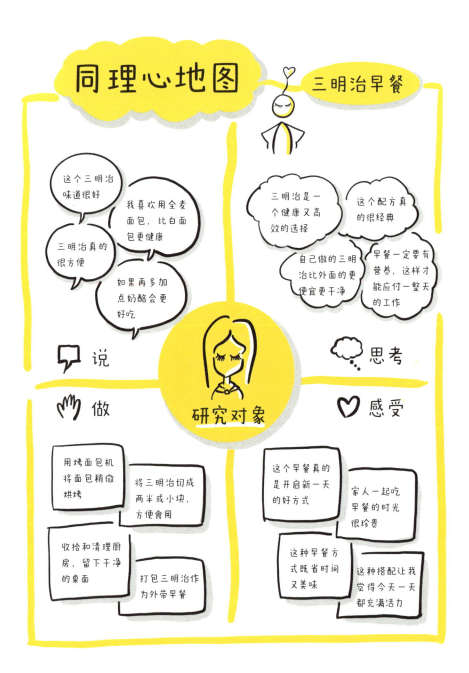

论三明治的口味或表达他们对三明治早餐的偏好。

（3）做（Do）：在"做"的部分，观察并记录与三明治早餐相关的行为。注意他们是如何准备三明治的，他们选择哪些配料，以及他们吃三明治的方式和环境。

（4）思考（Think）：在"思考"的部分，推断他们关于三明治早餐的想法。尝试理解他们选择三明治的原因，以及他们如何看待这个早餐选择。

（5）感受（Feel）：在"感受"部分，记录他们在享用三明治早餐时的情感体验。他们是否觉得满足、高兴，还是有其他感受？

你的锦囊

（1）**始终保持好奇心和开放心态。**记得你的目标是理解和关怀，而不仅仅是收集信息。

（2）**在使用同理心地图时，试着从不同角度看问题。**这可以帮助你发现意想不到的信息。

（3）**记得，共情是一个持续的过程。**随着你对家人的了解加深，你的同理心地图也应该不断更新和演变。

2 什么早餐更让人心动

好了,你已经探索了为什么早餐体验这么重要,并且用同理心地图深入了解了你和家人对三明治早餐的看法。现在,让我们利用这些洞察来定义问题,确定如何让三明治早餐变得不同寻常,真正让你和家人感到心动。

你需要知道

设计思维中的定义问题是很容易被忽视的一步,通过共情,你已经了解了家人对早餐的真实感受,但是没有清晰地定义要解决的问题,你得到的答案往往是"自嗨"的方案。也就是说,这不仅仅是关于制作一份美味的三明治的早餐方案那么简单,而是要确保这个早餐能够触动家人的心弦,满足大家的期望,让早晨更加特别。现在,让我们动手用"POV 陈述模板"来精确定义你面临的挑战。

试一下

工具名称:POV 陈述模板

使用方法:

(1)用户(谁):回想一下,你在共情阶段关注的是谁?是你自己还是你的家人?他们对三明治早餐有何期待?

（2）需求（需要什么）：现在明确需求。是三明治的味道、健康，还是制作过程中的乐趣？或者是吃早餐时与家人共享的快乐？

（3）洞察（为什么）：深入理解需求背后的原因。为什么这个需求这么重要？它是如何与你们的感受或生活方式相联系的？

POV陈述：忙碌的职场妈妈需要一种既快捷又健康的早餐解决方案，因为这样可以在满足身体需要的同时节约时间，并与家人共享早晨的温馨时光。

（4）构建 POV（Point of View）陈述：结合这些元素，形成一个 POV 陈述，例如：你的家人（用户）每天需要不同的三明治早餐（需求），因为这样可以让他们的早晨充满期待和乐趣（洞察）。通过明确的问题定义，你将为创造令人心动的三明治早餐奠定坚实基础。

你的锦囊

（1）**发挥想象力**：记得，在构建 POV 陈述时，可以尽情发挥你的想象力。想象一下，这个早餐是怎样的，怎样能够让早晨变得有趣又美好。

（2）**坚持真实感受**：确保你的定义是基于你和家人真实的感受。不要害怕表达个性，因为这个问题是关乎你们的早餐体验的。

（3）**保持灵活性**：在定义问题时，保持灵活性。如果在后续过程中有新的见解，可以随时调整你的 POV 陈述，让它更贴近你们的期望和愿望。

3 创造你的"个性三明治"!

通过前面的共情和定义问题,我们了解到"你的家人每天需要不同的三明治早餐,因为这样可以让早晨充满期待和乐趣"。那么哪一款三明治早餐是家人最喜欢的呢?发挥你想象力的时刻到啦!

你需要知道

设计思维的构思阶段是头脑风暴的时刻,释放创造力,让各种奇思妙想涌现。在这一步,从抽象的需求出发,通过具体而有趣的构思,为满足这一需求创造出形式各异、充满创意的三明治,使家人在每一个早晨都能期待得到独特而美好的体验。你可以运用"创意脑图",让你的脑洞大开!这个阶段的目标是尽情释放创造力,让各种奇思妙想涌现,形成一个多样而有趣的构思图。

试一下

工具名称:创意脑图

使用方法:

(1)确定中心主题:在纸上写下"个性化三明治早餐"作为中心。

（2）**关键词**：围绕中心写下一些关键词，如"食材""形状""颜色""口味"等。

（3）**个性化想法**：从每个关键词出发，写下与之相关的个性化想法。例如，从"食材"出发，你可以有"牛油果""火腿""芝士"等。

（4）**连接想法**：使用曲线或直线将相关的想法连接起来。例如，你可能会连接"牛油果"和"火腿"形成一个新的想法："牛油果火腿三明治"。

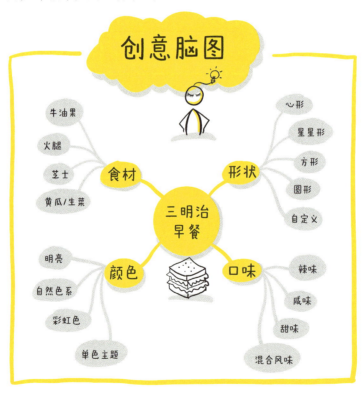

（5）**家庭参与**：如果有其他家庭成员参与，他们可以添加新的关键词和想法，并通过连接创造新的组合。

（6）**投票**：邀请家庭成员参与创意想法的投票，了解家人们对想法的喜好程度。

你的锦囊

（1）**"是，而且"原则**：鼓励采用"是，而且"原则，接纳并在已有想法基础上进行延伸。例如，如果有人建议在三明治中加入水果，你可以说"是，而且我们可以尝试草莓，增加甜味和口感"。避免使用"是，但"的表达，因为这可能抑制创意，如"是，但我觉得水果和三明治不太搭，可能会很奇怪"。

（2）**保持开放心态**：在构思阶段，避免过早批判任何想法，保持开放的心态，即使某个组合听起来有点奇怪，也可以先记录下来，后续再看是否可以调整和优化。避免过度批判，比如，"这个主意太怪了，根本行不通"。

（3）**尝试不同的连接方式**：不要仅限于直线连接，可以使用箭头、曲线等方式，创造更加丰富多彩的脑图。例如：用箭头连接两个想法，表示它们之间可能存在因果关系或有趣的互动关系；如果两个想法之间可能存在更加复杂的关系，可以用曲线或其他更准确的方式表示。

4 马上动手制作你的三明治

走到这一步,你已经完成了前面几步的探索和定义,现在是时候将那些灵感和想法变成实实在在的早餐了!

你需要知道

原型阶段是设计思维中一个非常有趣的部分,你将把你的创意三明治早餐从纸上的计划变为可以品尝的美味。这一阶段,不需要追求完美,关键是快速尝试,让你的创意快速落地,通过实践来测试和改进你的想法。

试一下

工具名称:三明治原型制作套件

使用方法:

(1)**选择食材**:根据你之前阶段的决定,准备你选定的食材。这可能包括你在脑图中挑选的各种食材。

(2)**制作草图**:在制作三明治之前,先在纸上画出你想要的三明治的样子。要考虑到层次、颜色和质感,使其尽可能地吸引人。

(3)**快速实现**:开始根据草图制作三明治。记住,这是一个实验,不要追求第一次就做到完美。

(4)**迭代改进**:尝一尝你的三明治原型,如果有需要,进

行调整。比如，如果某种食材的搭配不如预期的那样美味，可以考虑替换或调整。

你的锦囊

（1）制作原型的时候，鼓励家人一起参与。这不仅能增加乐趣，还可以获得更多反馈和创意。

（2）**不要害怕失败**。原型阶段就是通过不断试错来找到最佳方案的过程。

（3）记得记录下你的每一次尝试和改进，这些都是宝贵的学习经验。

5
大胆让三明治接受挑战！

恭喜你，即将大功告成了！你的原型作品可以开始接受挑战了！

你需要知道

你已经走到了设计思维过程的最后一步——测试！在这个阶段，你要把你精心制作的三明治拿出来，让家人尝一尝，收集他们的反馈，看看有哪些地方可以改进。测试是一个学习和迭代的过程，让我们用开放的心态来接受各种建议和想法，让你的三明治早餐更加完美。你可以使用"三明治反馈卡"，帮助你不断改进作品。

试一下

工具名称：三明治反馈卡

使用方法：

（1）**准备反馈卡**：打印出三明治反馈卡，每张卡上有几个关于三明治的问题，比如："你觉得这个三明治味道如何？"

（2）**家庭品尝会**：邀请你的家人来一场三明治品尝会。让他们每人尝一尝你的三明治，并填写反馈卡。

（3）**收集反馈**：品尝结束后，收集所有的反馈卡，看看大家的意见和建议。

（4）**分析反馈**：仔细阅读反馈，找出哪些是共同的观点，哪些是个别的偏好。这将帮助你在下一次制作三明治时做出更好的决策。

你的锦囊

（1）保持开放和接受的态度，每一条反馈都是帮助你改进的宝贵资源。

（2）尝试找出反馈中的模式或趋势，这些会是你改进三明治的关键点。

（3）不要害怕重新尝试。设计思维的过程就是不断迭代和完善的过程。

三明治反馈卡

你觉得这个三明治味道如何?
☐ 非常喜欢 ☐ 喜欢 ☐ 一般 ☐ 不喜欢

有哪些食材的味道你特别喜欢或特别不喜欢?

三明治的口感如何?
☐ 非常好 ☐ 好 ☐ 一般 ☐ 差

你觉得口感上有哪些可以改进的地方?

你对三明治的外观满意吗?
☐ 非常满意 ☐ 满意 ☐ 一般 ☐ 不满意

你有什么建议可以让三明治看起来更诱人吗?

你认为这个三明治在创意上如何?
☐ 非常创新 ☐ 有创意 ☐ 一般 ☐ 缺乏创意

有什么独特的食材或组合是你觉得可以尝试的?

你会推荐这个三明治给其他人吗?
☐ 一定会 ☐ 可能会 ☐ 不确定 ☐ 不会

如果给这个三明治打分(1~10分),你会打多少分?

你有什么其他建议或想法可以帮助改进这个三明治?

重新布局你的房间

1. 你的房间是一个待解的迷宫

新的挑战

我的地盘,我来做主!

你的房间不仅是私人避风港,它也是表达自我、发挥创造力的私人空间。但是,你房间的现状是否真正符合你的需求和品味呢?或许有些角落太拥挤,或许某些区域功能不够实用。想象一下,如果你能重新设计房间,你会做出什么样的改变?

这次的挑战邀请你从全新的视角审视自己的房间,发现那些被忽视的潜力和可能性。通过这个过程,我们不仅要解决实用性的问题,还要激发你的创造力,让房间变成一个真正属于你、能够激发你每天活力的个性化空间。

一起动手,将你的房间转变成一个更加舒适、实用且充满魅力的地方吧!

你需要知道

在开始动手之前,先花点时间"共情"——思考你对房间现状的感受。共情阶段关键在于深入了解和感受你在自己房间中的每个瞬间。哪些地方让你满意?哪些让你不满?使用"情感日记"这一工具,可以帮助你记录和分析自己对房间各个部分的真实感受,通过观察和思考,你可以更深入地理解自己对空间的需求,从而为后续的设计提供指导和灵感。

工具名称:情感日记

使用方法:

(1)准备一个情感日记模板,每天记录以下信息:

a. 日期和时间

b. 房间区域

c. 正在进行的活动

d. 当时的情感体验及其潜在原因

e. 是否需要或如何进行改进

（2）在日记中详细描述你在不同房间区域进行活动时的情感反应，以及这些反应背后的原因。

（3）持续记录，至少持续一周，以便捕捉不同时间段和活动中的情感变化。

你的锦囊

（1）坚持每日记录，不要漏掉任何细节，哪怕是最轻微的情感变化。

（2）定期回顾你的日记，寻找情感体验的模式或趋势，这些信息是重新设计房间时的重要参考。

（3）在分析情感日记时，要试图理解每种情感背后的深层原因，这些原因可能与房间的布局、家具、装饰和光线等有关。

2
房间有哪些地方可以改变

你需要知道

接下来让我们聚焦在定义问题上！这一步不是关于解决问题，而是关于深入理解和锚定问题。利用你在共情阶段收集的宝贵信息，明确识别和定义房间中那些确实需要变化的地方。是那堆乱糟糟的书堆需要整理，还是墙角那未被充分利用的空间？通过精准的问题定义，我们才能在后续的步骤中找到最具创意和最有效的解决方案。

试一下

工具名称：需求定义模板

使用方法：

（1）**分析情感日记**：查看你的情感日记，识别出引发负面情感的房间特点或功能缺失。

（2）**列出问题点**：列出所有你认为需要改进的问题点，无论是需要更多自然光的角落，还是希望有更加宽敞的工作区域。

（3）**明确改变目标**：对于每个问题点，定义一个清晰的改变目标。让目标既具体又有挑战性，比如将"想要更亮的房间"升级为"通过增加反光材料和新的灯具提高房间整体亮度"。

（4）**排序你的改变目标**：根据这些改变目标对你日常生活的影响和可实施性，对它们进行排序。

你的锦囊

（1）**真听真感**：挖掘你的需求时，要真正倾听你的心声！问自己："这改变对我而言真的棒吗？"确保每次改变都能让"你心里那个小人儿跳起舞来"！

（2）**深挖掘思考**：别急着跳到结论，每个需求背后都有它的故事。用心探索这些故事，它们会引导你更精准地定义所要解决的问题。

（3）**大胆尝试**：对于你的房间，哪怕是那些看似习以为常的部分，也别怕掀起小小的革命！尝试新的布局或风格，你可能会惊喜地发现改变带来的新鲜感和进步！

3 怎样的布局更酷、更实用

你需要知道

我们现在进入充满乐趣的构思阶段！在这一步，你将用充满创意的眼光重新看待你的房间，确定哪些地方可以变得更酷。根据你在上一阶段识别的问题，比如需要更多自然光的角落或更宽敞的工作区，现在是时候将这些需求转化为实际的、充满创意的解决方案了。想象一下，怎样的布局变化能让你的房间不仅看起来更酷，使用起来也更加实用和舒适。

试一下

工具名称：思维导图

使用方法：

（1）**确定焦点**：以你在上一阶段确定的改变目标为中心，它们将成为你构思的出发点。

（2）**激发灵感**：围绕中心需求，扩展出不同的构思分支。例如，如果中心需求是"更多自然光"，分支可以是"新的窗帘设计""安装更大的窗户"。

（3）**构建分支**：在每个分支下进一步细化你的构思，如"新的窗帘设计"下可以有"轻薄材质""亮色调"等。

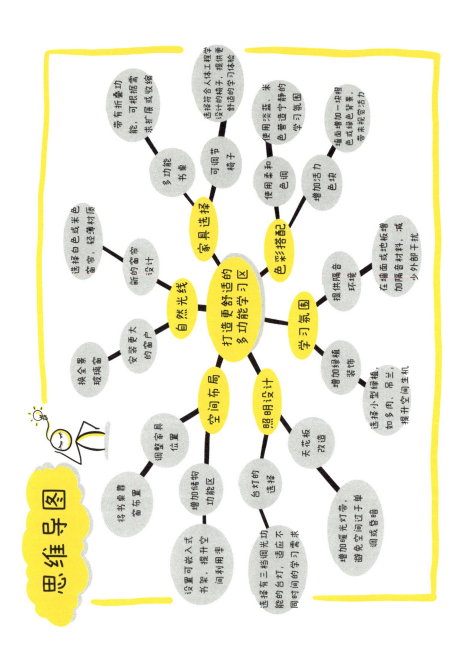

（4）**共享创意**：邀请家人或朋友共同构思，听听他们的意见，可能会有新的灵感。

你的锦囊

（1）**具象化思考**：将抽象的需求转化为具体的解决方案，例如，不仅是说"需要更多自然光"，而是具体到"选用轻薄窗帘"或"换全景玻璃窗"。

（2）**创意与实用并重**：确保你的每个构思能反映出你的风格，你的房间是你的杰作，既要美观又要实用。

（3）**灵活调整**：这个构思旅程中，让你的想象力无拘无束。今天想的是这样，明天可能又有新的想法，没关系！持续优化你的构思，直到找到那个让你眼前一亮的完美方案。

4 开始动手调整

你需要知道

探索完理想的房间布局后，是时候将这些创意变成可观察、可感知的实体了——也就是制作原型！不要担心原型是否完美无缺，原型阶段的目的是快速实现你的构思，通过实体化的模型来检验和优化你的想法。想象一下,你的构思逐渐走出脑海,变成一个个你可以触摸和评估的小模型,是不是感觉很棒?

试一下

工具名称:原型草图

使用方法:

(1)**选择焦点**:决定你想要原型化的特定房间区域或设计元素。例如,如果你在构思阶段想到了一个既适合学习又适合休闲的多功能学习角落,就从这个角落开始。

(2)**草图绘制**:拿出纸和笔,将你的多功能学习角落想法

勾勒出来。草图主要捕捉核心构思，不需要过分精细。

（3）**材料选择**：思考哪些手头的材料可以帮助你实现原型。比如，用纸板代表书架，软垫模拟坐垫，这些都能帮助你更好地模拟最终效果。

（4）**动手构建**：根据你的草图开始制作原型。过程中，你可能会有新的想法或发现需要改进之处，随时做出调整。

你的锦囊

（1）**一小步，一大步**：不用急于一时，先从小改动开始吧！小变化也能带来大不同，一点一点调整，最终你会惊喜地发现房间焕然一新。

（2）**创意回收利用**：用你周围的东西来搞创新吧！不需要购买新的材料，手头上的任何东西都可能成为你制作原型的宝贝。

（3）**记录，然后洞察**：动手做的时候，记得记录下每一个想法和尝试的效果。这些珍贵的笔记会帮你一步步走向完美的房间布局哦！

5 来,看看我的新空间!

你需要知道

现在是时候展示你的成果,获得一些反馈了!测试环节可是展示设计成果、获取反馈的重要时刻哦。准备好了吗?让我们来看看你的新空间吧!

试一下

工具名称:友人体验测试表

使用方法:

(1)**确定测试目标**:首先,你要明确你希望测试的关键方面,是想了解空间的功能性、舒适性、美观性,还是其他方面呢?

(2)**设计体验场景**:接着,创建一系列的体验场景,让你的朋友在不同场景中使用你的新空间。

(3)**观察与记录**:在每个场景中,仔细观察你的朋友的行为和反应,记下他们的感受和意见。

(4)**反馈收集**:主动向你的朋友询问,收集他们的反馈和建议。你也可以通过观察他们的行为来获取更多信息!

(5)**分析总结**:最后,对收集到的反馈进行分析和总结,找出其中的共性和亮点,以及需要改进的地方。

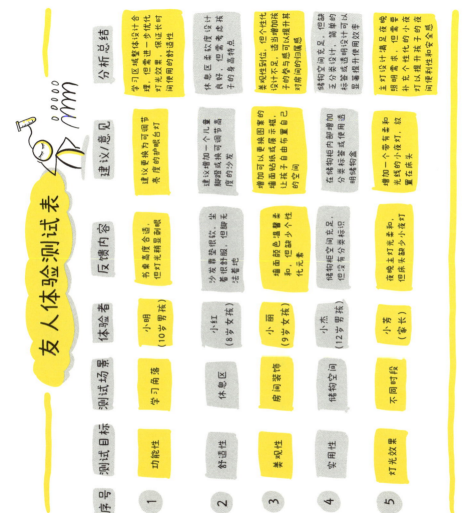

你的锦囊

（1）**主动倾听**：不要只是听，要听得懂。认真倾听朋友的反馈，不要急着反驳或解释。

（2）**观察细节**：注意观察朋友的行为和反应，有时候他们不自觉的举动比口头反馈更有意义。

（3）**持续改进**：测试不是结束，而是一个新的起点。根据收集到的反馈，不断改进和完善你的设计，直到达到最佳状态。

打造个人高能日程表

1

你的日常,可以很高能哦!

新的挑战

每天都是新的挑战!打造个性化的高能日程表,则是我们面对这些挑战的新策略!这不仅仅是简单的时间管理,更是一种管理精力的方法。通过这个挑战，我们可以更好地认识自己、掌握自我，让自己的生活更加充满活力和意义。

你需要知道

能量地图是一种帮助我们观察自己一周内精力状态的工具。通过记录和分析自己的能量波动，我们可以发现内在的规律和痛点，从而更好地调整自己的生活方式，迎接更高能的挑战！

试一下

工具名称：能量地图－绘制地图

使用方法：

（1）**列出活动**：列出一周内你最重要的活动，包括学习、运动、社交等。

（2）**绘制能量柱形图**：根据每个活动给你带来的能量情况，在能量地图上绘制能量柱形图。比如，和朋友聚会可能会给你带来正能量，用"＋"表示；而学习可能会消耗你的能量，用"－"表示。

（3）**观察能量模式**：仔细观察你的能量地图，找出能量高低的规律。

（4）**提出问题**：根据你的能量地图，思考以下问题。

- 你有没有在某些活动中体验到正能量或者心流？
- 是否有一些活动让你意外地感到愉悦或疲惫？

- 你的能量地图中有哪些最"高峰"和最"低谷"？它们对你的一周感受有何影响？

你的锦囊

（1）填写能量地图时，要充分倾听内心声音，诚实表达感受和情绪。

（2）**心流**：指在某个活动中全身心投入、忘我沉浸的状态，它会让你感觉时间飞逝、充满活力。比如，可能你在看一部很喜欢的电影时完全沉浸其中，忘记了时间的流逝。

（3）**峰终定律**：指的是每个人对一段体验的记忆主要取决于该体验的高峰和结尾时的感受。

规划日程，寻找心流

你需要知道

当你设计自己的个性化日程时，除了追求心流的美妙体验外，还要留意可能出现的问题哦！心流是一种让你感觉时间仿佛停滞了，一切都变得自然而流畅的全神贯注状态。但有时候，你可能会发现在自己热爱的事情上也会出现负能量的状态，这就需要你认真观察和识别了。

试一下

工具名称：能量地图－发现心流与问题

使用方法：

（1）**发现心流问题**：比如，你可能会发现在学习时会进入心流，但在某些时候却会觉得疲惫。这时，你要问问自己为什么会这样，是因为学习的方式不对，还是有其他原因。

（2）**发现负能量问题**：有些本来感兴趣、喜欢做的事情，却可能会带来负能量，比如，某个活动让你感到疲惫或不愉快。这时，要仔细分析问题的根源，看看是什么导致了这种负能量的出现。

（3）**发现峰终定律**：考虑调整日程中不同活动的顺序，使

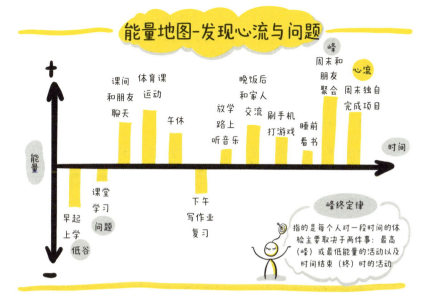

得"峰"和"终"都能成为正能量的体验。活动的顺序安排不当,或者在某个特定时段过度使用能量,都可能导致负能量的产生。

你的锦囊

(1)**观察问题**:注意观察日程中可能出现的问题,不要把问题掩盖起来,有助于后续积极寻找解决方案。

(2)**探索规律**:在能量地图中发现的问题可能不是偶然的,要尝试找出背后的规律,从而更好地规划和优化个人日程。

3 打造元气满满的日程表

你需要知道

准备好,下面我们要用"AEIOU法则"给你的日程表注入新的活力!忘掉那些让你觉得像是机器人的枯燥日程,我们要让你的每一天都"跳跃"起来,并且元气满满。

试一下

工具名称:AEIOU法则

使用方法:

再次拿出我们之前探索的能量地图,针对那些"应该充满能量却意外低沉"的时刻(例如学习时意外感到疲惫),我们这样行动:

(1)**活动(Activities)**:发现学习时不再充满活力了吗?让我们摇身一变,尝试引入更多互动性和游戏化的元素,比如学习竞赛,或者将复习内容变成自创歌曲。

(2)**环境(Environment)**:你的学习空间是否太过沉闷?来点变化吧!换个学习角落,或者加入一些绿植和色彩,让环境激发你的灵感。

(3)**互动(Interactions)**:独自一人学习让你感到压抑?邀请朋友一起在线学习,或者和家人分享你的学习心得,让

AEIOU法则

	活动 Activities	环境 Environment	互动 Interactions	物品 Objects	用户 Users
1 现象描述	学习时缺乏动力，感到枯燥和疲惫	学习环境昏暗、单调，缺乏视觉刺激，让人感觉沉闷	独自学习时容易分心，缺乏外部刺激，感到压抑和孤单	学习工具过于单调，比如只用黑白笔记、学习资料也枯燥无趣	在学习时很容易疲劳，长时间保持专注困难
2 改进建议	引入互动性和趣味性：组织小型学习竞赛，将复习内容编成自创歌曲或故事	换到明亮、通风的学习空间，加入绿植、彩色装饰品或个人喜爱的饰品	邀请朋友组建线上学习小组，共同讨论难点，和大家人分享学习成果	使用新的学习工具，如思维导图工具，用彩色笔和便签记录笔记，让内容更直观	根据自己精力高峰时段合理安排学习任务：分段学习30~40分钟后休息10分钟
3 预期效果	提升学习趣味性，激发竞争和创造的活力，减少单调感	环境的变化让人精神焕发，创造更舒适、更具激励性的学习氛围	增强学习的社交性，提高互动和支持，让学习过程更愉快	让学习工具更具视觉吸引力和实用性，提高记忆效率并增加学习的积极性	避免过度疲劳，利用专注力高峰完成重要的学习任务

第三章 在生活中练习设计思维

学习变成一次愉快的分享。

（4）物品（Objects）：你使用的学习工具是否过于单调？试试新的学习App，或者用彩色笔记本来记录你的灵感，让每一项工具都成为你的小助手。

（5）用户（Users）：最终，回到你自己这个用户上来。理解自己在哪些环境中学习最有效，什么样的互动让你感觉最舒适。

你的锦囊

（1）**灵活适应**：让你的日程灵活起来，适应你的喜好和需求。如果某部分日程连续几天让你感到乏味，就该考虑调整了。

（2）**保持创意**：不断为日程注入新鲜血液。尝试新的活动，探索不同的学习方式，变化你的休息模式，让每一天都新奇有趣。

（3）**关注感受**：密切关注你对日程变化的感受。哪些调整让你感觉更好？哪些似乎并无太大帮助？让你的直觉和感受引导你优化日程。

（4）**享受过程**：调整和优化日程本身就应该是一种乐趣。用轻松愉快的态度来面对每一次调整，让日程管理成为你生活中的一道亮丽风景线。

4
快动手，让高能的日程成真！

你需要知道

现在，让我们将之前的日程构思变为看得见、摸得着的原型吧！原型阶段就像是用泥巴捏出你的梦想城堡，不必一丝不苟，关键是形状和结构，让你的日程从想法走向现实。这一步，我们不追求完美，只追求形象和实在，让你能够直观地看到你的日程是什么样子。

试一下

工具名称：日程原型创意表

使用方法：

（1）**选择素材**：首先，把你的工具箱打开，彩笔、贴纸、空白日历或者 App，都是你的好帮手。

（2）**搭建框架**：用你的工具搭建出一个日程原型框架。早上是学习时间？晚上做什么放松？画出这个大纲，让它有头有尾。

（3）**填充细节**：给框架加上"肉肉"，如果你计划改变学习环境，具体怎么改？周三下午尝试新的互动学习，怎么做？把这些点子都填进去。

（4）**确保灵活性**：用便利贴代表不同活动，这样你可以随

日程原型创意表

时间段	周一	周三	周五	色彩说明
上午 8:00-9:00	学习:复习英语语法(蓝色)	学习:在线数学练习,记录笔记(蓝色)	学习:历史小组讨论(蓝色)	蓝色:学习时间
上午 10:00-11:00	运动:30分钟慢跑(绿色)	环境切换:去图书馆学习(绿色)	运动:跳绳、户外活动(绿色)	绿色:运动或切换环境
下午 14:00-15:00	互动:和同学一起在线学习(橙色)	自创歌曲:将复习内容编成歌曲(橙色)	休闲:阅读喜欢的书籍(紫色)	橙色:互动时间
下午 15:30-17:00	创作:制作思维导图(黄色)	创作:绘制历史笔记插图(黄色)	创作:规划下周日程(黄色)	黄色:创意时间
晚上 19:00-21:00	放松:看一部电影(紫色)	放松:和家人一起玩桌游(紫色)	放松:听音乐、绘画(紫色)	紫色:放松时间

心所欲地调整它们,今天想这样,明天想那样,都 OK!

(5)赋予色彩:给你的原型涂上颜色,比如学习时间是蓝色,休息时间是绿色,用色彩区分你的时间,让它活起来。

你的锦囊

(1)**创造性思考**:在制作原型时,允许自己有创造性的思考。这不仅仅是关于时间管理,也是关于如何让你的每一天都充满色彩和乐趣。

(2)**保持灵活**:你的原型是流动的,随时可以变更。今天你想这样,明天可以改成那样,它随着你的心情和需求变化。

(3)**视觉化你的时间**:让你的原型色彩斑斓,每一块时间都有它的颜色和意义,让你一眼就能看出今天会是怎样多彩的一天。

5 哇哦,每天都是正能量

你需要知道

欢迎来到测试阶段,你的日程原型现在将经历一场正能量的转化之旅!这个阶段不仅仅是对你的日程设计进行现实检验,更是一个让每一天都闪耀正能量的实验。将你的日程视为一个能量转化器,我们现在要调试它,确保它能在每个环节释放正能量,照亮你的每一天。

试一下

工具名称:日程测试记录表

使用方法:

现在,让我们一起走进日程实验室,开始你的测试旅程。

(1)**实际应用**:将你的原型日程应用到实际生活中。选有代表性的一天或者一周,全面实施你的日程安排。

(2)**记录观察**:在这一天或一周中,记录下你对每项活动的感受。哪些活动让你充满活力?哪些让你感到拖沓?不要遗漏任何细节。

(3)**情感追踪**:记录你一天的情绪变化。可以用简单的符号,比如笑脸或哭脸,来表示你对每个时间块的感受。

(4)**效率打分**:根据完成的效率和满意度,给你的每项任

日程测试记录表

日程细节记录

时间段	计划的活动	实际活动	情感标记	效率打分 (1~10)	调整建议
上午9:00-11:00	学习数学	学习数学	😊	9	不需要调整
上午11:00-13:00	休息与娱乐	看书	😐	6	增加一些动态活动，如听音乐或短时间运动
下午14:00-15:30	复习英语	复习英语	😊	8	效率不错，可以尝试加入一些趣味化的学习方式
下午16:00-17:00	整理房间	整理房间	☹️	5	分解任务，避免一次完成太多，保持轻松的节奏
晚上18:00-20:00	和家人一起做晚饭	和家人一起做晚饭	😊	10	保持现有安排，这是正能量的重要来源
晚上20:00-21:00	轻松放松	看电影	😊	8	效果不错，可以选择更短小的视频内容适应时间段

日总结

高效活动：学习数学，和家人一起做晚饭

原因：专注力高且氛围轻松愉快

低效活动：下午整理房间

原因：任务过于单调，导致注意力分散，缺乏动力

心得体会：学习任务完成后的小成就感以及和家人共处的时光让我感到愉悦和满足

改进方向：下午的活动安排需要更多变化和趣味性，避免单一任务让人疲惫

周总结

本周总体感受：本周整体感觉充实但略有疲劳，学习和家人互动是重要的能量来源，但重复性任务降低了部分效率

本周最佳活动：和家人一起做晚饭

待优化活动：整理房间，需要分解成小任务，搭配更有趣的安排

下周计划调整

学习时间：尝试加入趣味化学习方式（如学习竞赛、互动视频）

下午任务安排：增加动态活动（如短时间运动、户外散步）

整体节奏：合理安排休息时间，避免连续疲劳任务

务打分。这将帮助你识别哪些活动是你的能量源泉,哪些是能量黑洞。

(5)**灵活调整**:如果发现某些环节不如意,不要犹豫,立刻做出调整。测试阶段就是不断试错和改进的过程。

你的锦囊

(1)**保持诚实**:在记录和反馈过程中,对自己保持绝对的诚实。只有真实的数据和感受,才能引导你做出正确的调整。

(2)**积极探索**:测试不是一次性的任务,而是一个持续的探索过程。对每一项活动持开放态度,勇于尝试和调整。

(3)**用数据说话**:量化你的观察和感受,这样可以更客观地评估日程的有效性和满意度。

给父母的惊喜生日礼物

1 是时候了解父母的梦想了!

新的挑战

你的使命是打造一份超乎想象的生日礼物,它要能深深触动父母的心弦,让他们感受到你的爱。这份礼物不仅是物质层面的，更是一次情感的奇妙旅行。想象一下，什么样的礼物能够让父母的眼睛亮起来？

你需要知道

共情，就像是戴上一副可以看见父母内心世界的神奇眼镜。通过这副眼镜，你将深入探索他们的喜好、兴趣，甚至是那些鲜为人知的梦想。这个过程的目的是发现那颗能让他们眼睛发光的惊喜之星，为制作生日礼物提供灵感。

试一下

工具名称：同理心访谈指南

使用方法：

（1）设置访谈环境：选择一个使父母感到舒适的环境，如他们最爱的客厅角落，或花园中一个安静的座位。

（2）开展对话：使用开放式问题开始对话，例如"你有什么未曾实现的梦想"？

（3）记录重要信息：在对话中使用录音设备或笔记工具记录关键信息和情感表达，以便后续分析和提供礼物创意。

（4）观察非言语反应：注意父母的肢体语言和表情，这些非言语线索往往能提供额外的情感表达。

同理心访谈指南

价值观与信念
- 你有哪些人生格言指导你的日常决策?
- 在你看来,家庭和事业的平衡应该如何把握?

我的座右铭是:"尽力而为,保持真诚。"它让我在困难中保持积极

我认为家庭永远优先,但事业的发展是实现家庭幸福的重要支撑

梦想与愿望
- 如果时间和金钱不是问题,你还想什么想实现的?
- 你有什么未曾实现的梦想?

我想环游世界,体验不同的文化和美食

我一直想开一家自己的咖啡馆,把它打造成一个让人感到温暖和放松的空间

个人历史与经历
- 你童年最喜欢的活动是什么?
- 你生活有哪些转折点,它们如何影响了你的价值观?

我小时候最喜欢画画,那是我表达创意的一种方式,直到现在我仍然喜欢艺术创作

大学毕业时选择创业是我人生的重要转折,这让我更注重自我成长和独立性

感受与情感
- 你近期遇到的一件令你感到挑战的事是什么?
- 什么样的事情能让你感到最放松?

最近在工作中与同事意见不合让我意识到沟通的重要性,我也在学习更好地表达自己

和家人一起散步或者听音乐能让我感到非常放松

你的锦囊

（1）**倾听胜于一切**：在访谈中，把话筒交给父母，让他们成为节目的主角，你的任务就是倾听，哪怕故事你觉得听过上百遍了。

（2）**捕捉情感闪光点**：对于那些让父母眼睛特别亮起来的瞬间，要特别注意，那可能就是你要寻找的礼物灵感。

（3）**故事是关键**：关注父母在讲述时情绪高涨的瞬间，这些时刻往往隐藏着他们真正的情感需求和深层梦想。

确定一个特别的生日礼物目标

你需要知道

现在你已经通过那副神奇的"共情眼镜"看到了父母内心的世界。是时候将这些珍贵的洞察转化为具体行动了。这一阶段，我们将定义哪些需求是真正触及他们心灵的核心，哪些可能只是暂时的想法。通过此步骤，我们将确立一个清晰的目标，即一个能够真正代表我们的理解和爱的生日礼物方向。

试一下

工具名称：需求圆点投票法

使用方法：

（1）**列出需求**：将从共情阶段收集到的所有潜在需求列出，可能包括父母表达的愿望、兴趣或梦想。

（2）**圆点投票**：使用需求圆点投票法决定哪些需求最重

要。家庭成员各自有相同数量的圆点（例如每人 5 点），可以自由分配给他们认为最关键的需求。

（3）**统计和排序**：统计每个需求获得的圆点数，根据投票结果排序，确定哪些需求是制作礼物时应优先考虑的。

（4）**细化需求**：对得票最高的需求进行细化和讨论，以确保清晰理解其背后的具体情感或实际需求。

你的锦囊

（1）**关注情感深度**：在处理需求时，不要只看需求的表面，更要探究其背后的情感动机。这有助于发现真正能触动心灵的礼物点子。

（2）**权衡需求的重要性**：理解并权衡每个需求的重要性。不是所有需求都同等重要，聚焦那些最能代表你对父母理解和关心的需求。

（3）**鼓励家庭参与**：让全家人参与到定义过程中来。这不仅可以帮助捕捉更全面的需求，也使最终的礼物更能体现家庭的集体智慧和温暖。

3 寻找个性化的礼物设计

你需要知道

好的,你已经收获了一些珍贵的洞察,接下来就是将这些洞察转化为一个令人难忘的、个性化的生日礼物。在这个阶段,你的任务是将抽象的想法变为具体的、充满爱的礼物。这不仅是一个简单的物品,而是要制造一个"哇哦"瞬间,让父母真正感受到你的心意。

试一下

工具名称: 团队创意记录板

使用方法:

(1)**团队集结**:召集你的创意伙伴——那些熟悉你父母,同时又能带来创新火花的朋友们。设立一场创意大会,不邀请主角父母,保持惊喜的神秘感。

(2)**自由发挥**:在这场创意风暴中,让想法自由奔跑。比如,如果你的父亲是个历史迷,试着想象一款定制的历史冒险游戏;或者如果你的母亲热衷园艺,设计一次私密的花园探秘之旅。

(3)**记录与整理**:把所有的点子记录下来,然后动手将它们分类和评估,找出那些最有可能让你的父母兴奋的方案。

团队创意记录板

序号	点子名称	灵感来源	具体描述	可行性评估（高/中/低）	情感影响力（高/中/低）
1	历史冒险定制游戏	父亲是历史迷	设计一个冒险游戏，包含父亲感兴趣的历史场景和事件，通过互动游戏探讨历史故事	高	高：父亲会因兴趣与专属感而感到兴奋和满足
2	秘密花园探秘	母亲喜欢园艺	在一个隐秘花园内举办一个小型活动，包含植物辨识挑战和种植体验，让母亲感受自然的乐趣	高	高：活动契合母亲爱好且提供放松和愉悦感受
3	家庭主题微电影拍摄	父母喜欢回忆家庭生活	拍摄一部微电影，以家庭为主题，收集过往的照片和录像，搭配配音讲述家庭故事，给父母带来满满感动	高	高：情感共鸣强，容易勾起温暖回忆和感动
4	美食派对	父母喜欢烹饪	组织一次美食活动，让父母尝试制作新的菜肴，或用家族传统食谱进行创意烹饪比赛	中	中：互动性较强，但情感深度稍弱
5	复古照片墙展览	父母热爱摄影，母亲爱怀旧	将父母过往的珍贵照片打印出来，设计成复古风格的照片墙，搭配小故事注释，布置在家庭客厅	高	高：视觉和故事双重冲击，带来深刻的怀旧情感

（4）**细化与优化**：从中挑选出最有潜力的点子，深入挖掘每一个细节，确保这些想法既创意十足又可行。

你的锦囊

（1）**保持开放与建设性**：在创意会议中，遵循"是，而且"的原则，接受每一个想法并在其基础上进行扩展，避免立即否定任何想法。

（2）**鼓励所有声音**：确保每个参与者都有机会发表自己的意见，这样可以收集到多样化的创意，可能会有意想不到的惊喜。

（3）**聚焦主题**：虽然鼓励自由思考，但需要确保所有的创意都围绕定义阶段确定的需求展开，确保礼物的相关性和个性化。

4 手工制作礼物原型

你需要知道

现在,是时候让那些精彩的创意想法跃然纸上了!在原型阶段,你的目标是制作一个实体模型,这个模型不需要完美,但要足以展示礼物的基本构想和功能。

试一下

工具名称:DIY 礼物原型工具包

使用方法:

(1)**收集材料**:根据你的创意想法,收集制作原型所需的所有材料。这可能包括纸张、木材、绘画工具,甚至是数字制作软件。

(2)**分解步骤**:将制作过程分解成一系列简单的步骤。例如,如果你决定制作一个家庭记忆照片集,这些步骤可能包括选择照片、设计布局和组装装订。

(3)**动手制作**:按照步骤开始制作你的礼物原型。此时,关注大致形状和结构,不必太过纠结于细节的完美。

(4)**初步评估**:制作完毕后,自我评估原型的功能和外观。问自己:这个原型是否传达了想要的情感?在实用性上是否达到预期?

DIY礼物原型工具包

制作步骤	所需材料	完成时间	预计成本	完成状态
1. 选择并打印照片	高质量打印纸、照片	1小时	低	待完成
2. 设计相册布局	设计软件、样本纸	2小时	中等	待完成
3. 组装和装订	装订机、胶水	3小时	中等	待完成

你的锦囊

（1）**快速迭代**：别指望第一版原型就完美无瑕。原型设计的真正目的是快速发现问题并进行调整。做好准备，进行几轮修正。

（2）**专注功能与感受**：在评估原型时，思考使用它的体验。它是否便于操作？能否引发预期的情感反应？

（3）**简化调整**：如果原型在某些方面过于复杂或难以实现，不要害怕简化设计。有时候，更简单的方案反而更有效。

为父母带来惊喜！

你需要知道

现在到了这最激动人心的阶段：测试！是的，你已经从构思到原型，把一份特制的礼物准备好了。但在这份礼物正式登场之前，要通过一场小型"预演"，确保当大幕拉开时，这份礼物能引发的不仅是笑声，更有温暖的泪光。

试一下

工具名称：用户体验测试会议

使用方法：

（1）**准备测试场景**：选一个舒适的环境，邀请两三个理解你创意意图的朋友来参与测试。设置一个场景，模拟赠送礼物的那一刻。

（2）**进行模拟测试**：将礼物像在真正的场景一样呈现出来。观察测试参与者的初步反应，特别是他们的表情和第一时间的评论。

（3）**深入访谈**：测试结束后，进行一对一的访谈，询问他们对礼物的看法、感受以及他们认为可以改进的地方。

（4）**收集和整理反馈**：将收集到的所有反馈详细记录下来，尤其是那些关于情感反应和礼物细节的评论。

用户体验测试会议

	反馈者	情感反应	初步看法	改进建议	总体满意度
1	A	欣喜	颜色很吸引人	建议包装更为精致一些	★★★★☆
2	B	感动	故事内容很贴心	字体可以大一些,更容易阅读	★★★★★
3	C	好奇	设计独特	建议增加一些互动元素	★★★★☆

你的锦囊

(1) **无评判,只收集**:在收集测试反馈时,维持一个开放和非评判的态度。记住,目的是收集尽可能多的意见,而不是辩论或反驳。

(2) **鼓励诚实的反馈**:鼓励参与者提供诚实且未经修饰的反馈。确保他们知道所有的意见都是有价值的,这会帮助你从不同的视角看到礼物的效果。

(3) **关注细节**:对反馈中提到的每一个细节都要留心,有时候一个小小的调整就可以大大增强礼物的整体效果。

(4) **多角度考虑**:试着从不同的角度理解反馈,这可以帮助你更全面地评估礼物的影响力,并作出更加周全的调整。

第四章

在学习上运用设计思维

互动式学习提醒卡

1
想象一下,知识点像宝藏一样等你来发掘!

新的挑战

来吧,学习就像是一场寻宝冒险,而知识点是隐藏在未知岛屿的宝藏。现在,你的任务是设计一张不仅能提醒你学习，还能让学习过程充满乐趣的互动式卡片。这不仅仅是一张普通的卡片，而是你的个人学习指南，帮助你轻松探索学习的奥秘！

你需要知道

要设计出真正有用的学习工具，首先得从自身出发，通过共情理解自己作为学习者的真实需求和感受。你在阅读时喜欢安静还是喜欢播放背景音乐？你是通过视觉学习效果更好，还是通过听觉？了解自己的感官偏好是设计有效学习工具的关键。

试一下

工具名称：自我同理心地图

使用方法：

（1）定义角色与场景：

a. 角色：在学习中，你通常扮演什么角色？是积极的探索者、信息的接收者，还是其他？

b. 场景：你通常在哪些环境下学习？是在图书馆、家中，还是咖啡店？

（2）记录感官体验：

a. 看（视觉）：你在学习时倾向于接收哪种类型的视觉信息？图表、文字还是图像？

b. 听（听觉）：你是如何通过听来学习的？通过讲座、对话还是听觉媒介？

c. 思（认知）：你在思考和处理信息时采用哪些方法？如思维导图、笔记还是反思？

d. 感（情感）：你在学习过程中的情感反应是怎样的？感到兴奋、沮丧还是满足？

e. 说（表达）：你是否倾向于通过说来学习？是否通过教学、讨论或是表述来加深理解？

f. 做（动作）：你在学习时进行哪些活动？是动手操作、写作还是其他？

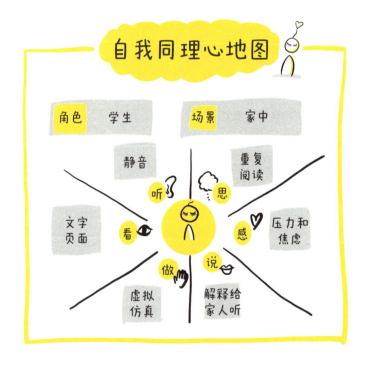

（3）**分析和创建地图**：根据收集到的数据，用图形化方式展示不同学习环境中的感官活动和学习效果，以及它们如何相互作用影响你的学习体验。

你的锦囊

（1）**跟随直觉**：当你在记录感官体验和反应时，不必拘泥于一定要将每项活动归类到某种特定的感官学习中。如果你感觉某个体验与多种感官相关，或难以明确分类，那就根据直觉放置它。自我同理心地图的目的是帮助你捕捉全面的学习体验，而不是限制你的思维。

（2）**全面记录**：尽可能记录下所有相关的体验和感受，即使它们看似微不足道或难以分类。重要的是捕获尽可能多的信息，而不是担心是否能完美地归档每一个数据点。记录下来的每一点都可能揭示出关于你学习习惯的重要洞见。

2 找出已知和还没探索的宝藏

你需要知道

现在,你已经用自我同理心地图勾勒出了学习的宝岛,接下来的任务是确定哪些宝藏已在口袋中(gain,需求),哪些宝藏仍藏在迷雾之中等待发掘(pain,痛点)。这一步就像精心策划一场寻宝行动,我们需要精确地定义哪些是我们的优势,哪些是需要克服的难题。

试一下

工具名称:深度同理

使用方法:

(1)回顾自我同理心地图:回头看看你在共情阶段绘制的自我同理心地图。专注于已标注的各种体验和感受,尤其是那些你觉得特别有用或特别挑战的点。

(2)分析 Pain(痛点)与 Gain(需求):

Pain(痛点):识别出那些让你感到困扰或效率低下的因素。在哪些环境或哪些学习方法中你感觉最不舒服?是因为分心、信息过载还是理解困难?

Gain(需求):标识出那些对你的学习而言真正重要的

需求。你需要怎样的环境、方法或工具来让你的学习更顺畅、高效？是更直观的视觉材料、互动性更强的学习方式，还是更清晰的任务分解？

（3）**详细记录与分类**：将这些 Gain 和 Pain 详细记录下来，并尝试分类。这不仅有助于在后续的设计中有针对性地解

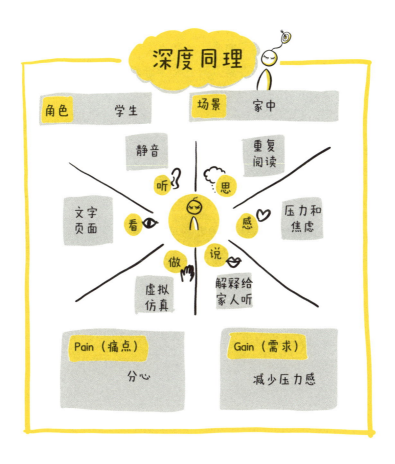

决问题,也能帮助你更好地理解这些体验如何影响你的学习效果。

例如,如果你发现自己在视觉学习中表现出色,那么在设计学习卡片时,可以加强这一元素。

你的锦囊

(1)**寻找模式和趋势**:在分析自我同理心地图时,专注于寻找重复出现的模式和趋势,这些可能指示着你的学习偏好或痛点。这些发现是洞察学习过程中潜在的强项和弱点,以及可能的创新点。

(2)**揭示深层需求**:这个工具可以帮助揭示你可能没有意识到的需求和动机。通过深入分析自己的情感和行为反应,你可能会发现驱动你学习行为的深层因素,这些都是设计有效学习工具的宝贵资源。

(3)**引导创新**:利用从自我同理心地图中得到的洞见来引导创新。理解是什么激发你的学习热情,哪些因素阻碍你的学习,可以帮助你设计出真正有助于学习的工具或方法。

3 设计你的魔法卡片!

你需要知道

现在,你已经挖掘出学习旅程中的珍珠和暗礁,是时候将这些发现变成具体的创意了!这一步是将你的洞察转化为创新设计的时刻。想象你是一位学习魔术师,即将用魔法卡片点亮学习的火花。这些卡片不仅要实用,更要闪闪发光,让学习变成一场引人入胜的冒险。

试一下

工具名称:创意构思矩阵

使用方法:

(1)引入创意元素:从你的自我同理心地图中提取所有记录的 Gain 和 Pain。每一个 Gain 和 Pain 都是构思新学习工具时的关键线索。

(2)个人脑力激荡:对每个 Pain,独立构思至少三种可能的解决方案。此时的目标是让想象力尽情释放,不限制创意的飞扬。同时,思考如何将每个 Gain 融入这些解决方案中,以增强学习卡片的功能和吸引力。

(3)详细记录和整理:使用"创意构思矩阵"将所有的创意

想法进行分类和记录,这将帮助你在评估和选择最终设计时保持条理性和清晰度。

你的锦囊

(1)**自由发挥创意**:在此阶段,任何想法都值得考虑。鼓励自己自由地探索各种可能性,以便从中发掘出真正创新的解决方案。

(2)**视觉呈现**:利用草图、便笺纸或其他视觉工具来展示和记录想法。这种视觉化的方法可以帮助你更好地理解每个想法,并可能激发出更多新的创意。

（3）持续思考：即使完成了一次脑力激荡，也应保持思考的持续性。在日常生活中留心可能激发新想法的情况或问题，让创意持续生长。

（4）接受试错：在创意过程中，不应害怕失败。每一个不成功的尝试都是探索和学习的一部分。

做一张你的互动学习卡

你需要知道

欢迎来到原型工坊！在这里，你的创意首次跃然纸上，变成可以触摸的模型。原型阶段不仅是关于制作，更是一个让你的学习卡活起来的魔法过程。通过这一步，你可以亲自体验设计的形态和功能，探索其中的潜力和挑战。

试一下

工具名称：快速原型工具包

使用方法：

（1）选择材料：找一些手头的材料，比如彩色卡纸、剪刀、胶带。这些都是简单易得的，让你可以快速开始制作原型。

（2）动手制作：根据你的设计草图，动手剪切和组装。如果你想让学习卡有互动部分，比如可以翻开的小窗口，试试用剪刀和胶带制作一个。

（3）感受和调整：在制作过程中，不断试用你的学习卡。每做完一步，看看手里的作品，感受一下，想想还能怎样改进。

你的锦囊

（1）**动手是最好的思考方式**：通过动手制作原型，你可以发现哪些设计在实际中真正有效，哪些是需要改进的。

（2）**快速制作原型，快速学习**：不要害怕制作出不完美的原型。快速制作和测试原型是找出问题和解决问题的最佳方式。

（3）**专注核心功能**：在原型阶段，确保你的学习卡的核心功能能够实现，如互动机制是否顺畅，学习信息是否容易获取。

5
那些难题是不是都变简单了

你需要知道

现在是时候看看你的学习卡在实战中的表现了！测试阶段是检验你的设计是否能解决真正的学习问题的关键时刻。通过个人测试，你可以详细评估学习卡的功能和用户体验，确保它们能有效支持学习。

试一下

工具名称：个人测试套件

使用方法：

（1）设计测试点：

a.互动效果测试：检查所有互动元素（如弹出窗口、滑动信息条）的反应速度和可靠性。

b.学习内容接收测试：评估学习内容的呈现方式是否有助于理解和记忆，比如文本的可读性和图像的清晰度。

c.耐用性测试：测试学习卡的物理耐用性，例如重复使用的磨损情况。

（2）**执行测试**：在一个模拟的学习环境中，使用学习卡完成一系列预定的学习任务，比如阅读特定内容、解答相关问题等，以此测试上述测试点。

（3）**记录和分析**：在测试过程中详细记录操作的流畅性、信息获取的便利性以及任何技术或功能性问题。注意记录在使用每个互动元素时的具体体验。

你的锦囊

（1）**关注体验**：在测试中，密切关注你的亲身体验。一个好的学习卡应该是使学习过程变得简单和愉快的。

（2）**迭代优化**：基于测试反馈调整设计。测试不是结束，而是改进过程的开始。

打造个人进步行动计划

1 想想你的亮点和待改进之处

新的挑战

挑战来了！打造个人进步计划不仅能帮你认识自己的优点，也能发现那些可以变得更棒的地方。就像是开展一场关于自己的探险，找出自己的宝藏和需要挖掘的秘密吧！

你需要知道

这一步让你从自己的角度跳出来,像是对自己做一次深入的采访。这不仅仅是列举你的优点和缺点那么简单,更是一种了解自己不同情境下反应和表现的方式。

试一下

工具名称:自我探索地图

使用方法:

(1)制作你的探索地图:在一张大纸上画出代表你的多个

"我"的圈子,每一个"我"代表你在不同情境下的表现,比如在学校、在家、和朋友在一起。

(2)**填充亮点与需改进区域**:在每个圈子里写下你认为的亮点和需要改进的地方。例如,在学校你可能很擅长数学,但需要提高演讲能力。

(3)**连线共性与差异**:用线条连接不同情境下的相似特点或独特之处,看看是否有潜在的模式或趋势出现。

你的锦囊

(1)**保持真实**:在填写自我探索地图时,尽量保持客观和真实,这有助于更准确地识别你的优点和需改进区域。

(2)**寻找模式**:注意在不同情境下重复出现的行为或感受,这可能是你自我改进的关键线索。

(3)**积极态度**:将需改进区域视为成长的机会,而不是失败的标志。

决定要探索哪些领域

你需要知道

好的,现在你已经掌握了一些关于自己的珍贵信息,接下来的步骤是精确地标定你将要深入探索的领域。这不仅是确定目标的过程,更像是制定一个清晰路线图,让你的个人成长之旅能有的放矢。

试一下

工具名称:紧急/重要四象限

使用方法:

(1)**准备工具**:拿起彩笔和一大张白纸,准备动手绘制你的四象限图。

(2)**绘制四象限**:画一个大"十"字,把纸分成四块。在纵轴的顶部写上"紧急",底部写上"不紧急";在横轴的右边写上"重要",左边写上"不重要"。

(3)**分类任务**:回想上一步里你的发现,把每个任务或目标按其紧急性和重要性放到相应的象限里。比如,"赶在周五前完成科学报告"可能就是紧急且重要的,需要放在右上的第一象限里。

（4）**评估和调整**：看看哪个象限最拥挤，这会告诉你当前的生活重心在哪里。理想的分布是让"重要但不紧急"的象限有更多的任务，因为它们通常是推动持续成长的大事。

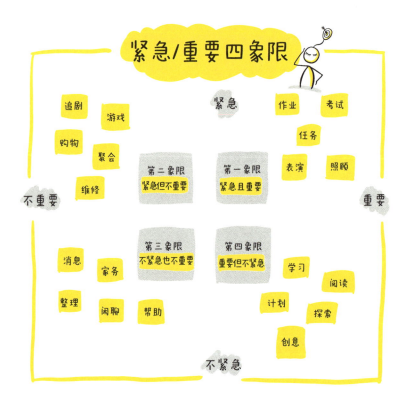

你的锦囊

象限原则：

（1）**第一象限（紧急且重要）**：保持此象限任务不过多，约占 20% 的精力，避免生活变成一场灭火行动。

（2）**第二象限（紧急但不重要）**：虽然它们看起来吵吵闹闹，但不要让这 25% 的小事牵扯太多的注意力。

（3）**第三象限（不紧急也不重要）**：最好是将这些任务限制在 5% 以内，这些是纯粹的时间杀手。

（4）**第四象限（重要但不紧急）**：这是你应该花大部分时间的地方，大约占 50% 的精力，这里的任务是你成长的催化剂。

3

回想过去、观察现在、预测未来

你需要知道

现在你已经锁定了自己想要深入发展的领域，是时候给你的思维引擎加点创意的燃料了！把目光投向"提升演讲技巧"这一领域，我们将启动你的想象引擎，发掘所有可能的路径以达到目标。在这一步，我们不仅要按图索骥，更要大胆想象，探索所有可能的路径来达成你的目标。这一过程意味着打破常规,发散思维,找出创新和实际可行的解决策略。

试一下

工具名称:创意扩展图

使用方法:

(1)选择焦点问题:继续聚焦你在前一步骤中选择的领域,"提升演讲技巧"。

(2)绘制创意扩展图:在一张大纸上画一个中心圈并写上

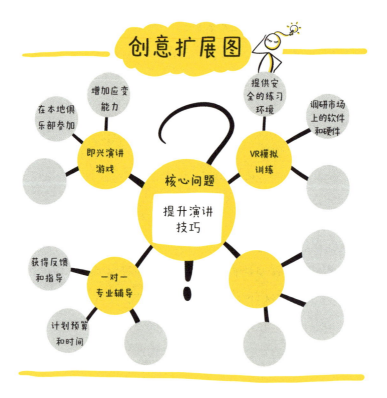

你的核心问题"提升演讲技巧"。从中心圈向外发散画出多个分支,每个分支代表一个可能的方法或策略。

(3)**详细探索每个方法**:在每个分支的末端,再次发散,写下实施这些策略的具体步骤、所需资源、潜在挑战。使用箭头连接相关的想法和步骤,展示不同策略之间的相互关系和支持点。

(4)**评估和选择**:从你的创意扩展图中挑选出最具创新性和可行性的策略,准备将它们纳入你的行动计划。

你的锦囊

(1)**激发创意**:在绘制创意扩展图时,尽量多产生想法,越多越好。这个阶段没有"错误"的想法,每一个点子都是通往解决方案的潜在路径。

(2)**拓展思维**:在链接和扩展不同的策略时,考虑如何利用已有资源或之前的经验。这有助于提高方案的实际可操作性。

(3)**灵活调整**:创意过程中要保持计划的灵活性,随着进一步的思考和实验,一开始的想法可能需要调整。

制订你的行动计划

你需要知道

在这一步,你要把你的想法转换成一个具体的行动计划。就像在游戏中设定小任务一样,你会为自己的"提升演讲技巧"目标设立一系列具体的行动步骤。此刻,你的目标不是追求完美,而是通过尝试和实践来形成具体的行动计划。把这看作是一个实验阶段,你可以在这里测试不同的策略,看哪些最适合你。

试一下

工具名称:行动计划制订器

使用方法:

(1)**选择策略**:从之前的创意扩展图中挑选出几个最有希望帮助你提升演讲技巧的策略,例如"即兴演讲游戏""VR模拟训练"和"一对一专业辅导"。

(2)**设计实验任务**:为每个策略设定可以快速实施的试验任务。例如,为即兴演讲游戏设定一个小目标:"在下次俱乐部聚会上进行一次五分钟的即兴发言。"

(3)**创建时间表**:规划每项任务的开始和检视时间。这不需要精确到每一天,但应有一个大致的时间表,比如"这个月内完成三次 VR 演讲练习"。

（4）**准备必要资源**：确定实施每项任务所需的最基本资源。比如 VR 训练，可能就需要获取设备和安装必要的软件。

你的锦囊

（1）**鼓励试错**：记住，原型阶段的目标是探索和发现，而不是一次就做到完美。每一次尝试都是向前迈出的一步，无论结果如何。

（2）**灵活调整计划**：如果某个策略不像预期的那样有效，那就调整它或尝试其他选项。这是一个动态的过程，需要根据实际情况进行适当的调整。

（3）**保持实验精神**：将整个过程看作是一个实验。实验的美妙之处在于，每一次操作都是学习和取得进步的机会。

5
从你的点子里，挑几个试试！

你需要知道

到了最激动人心的阶段了——测试！现在，你已经制订了一系列行动计划，是时候看看这些策略在现实生活中的表现了。测试阶段是验证这些行动计划的有效性的阶段，通过实际应用来检验它们是否能帮助你达到预定的目标。想象自己是一个科学家，在实验室中测试各种假设，以便找出最有效的解决方案。

试一下

工具名称：行动效果评估器

使用方法：

（1）**实施行动计划**：开始实施上一步中选定的策略，如参与即兴演讲游戏、进行VR模拟训练，以及与专业教练会面。

（2）**收集反馈**：对每项活动的效果进行记录，包括你的感受、观众或教练的反馈，以及你认为的成功的程度。例如，记录在即兴演讲后观众的反应和你的自我感觉。

（3）评估效果：对所有活动的结果进行评估，看哪些策略最有效，哪些需要调整。这一步骤可能需要你重复某些活动，或修改实施方式。

（4）调整计划：根据测试结果，调整你的行动计划。这可能包括改变策略的频率，尝试不同的方法，或增强某些方面的训练。

你的锦囊

（1）保持开放心态：在测试阶段，保持对结果的开放态度极为重要。成功和失败都是进步的一部分，每次测试都是学习和改进的机会。

（2）灵活调整：不要害怕根据测试结果进行调整。可能你会发现某些原本看似有效的策略并不适合你，或者需要更多的时间来确认效果。

（3）持续监测：测试不应该是一次性的。为了确保持续进步，应定期复查并评估行动计划的效果。

属于自己的学习目标墙贴

1 思考并列出短期和长期的学习目标

新的挑战

新的挑战开始了！你的使命是制作一些超酷的学习目标墙贴。在开始动手之前，要先做一件超级重要的事——深入挖掘你的内心世界。作为一个主动的学习者,你将探索那些让你心跳加速的学习目标!

你需要知道

在这一步,你要使用"超级学习者画像"来帮助你更好地理解自己。这个画像不仅是关于外部特征的描述,更重要的是它捕捉了你的内在动机、感受和行为模式,这个步骤让你走进自己的世界,理解驱动你学习的真正原因,为接下来的学习目标设定提供深刻的洞察,帮助你将它们转化成具体的、酷炫的学习目标。

试一下

工具名称:超级学习者画像

使用方法:

(1)**准备材料**:准备彩笔和一张大纸,选择一个舒适的地方开始这个有趣的活动。

(2)**绘制画像中心**:在纸的中心画一个代表自己的圈,并在圈内写上自己的名字和一个代表性的符号或表情。

(3)**详细描述个人信息**:

a. 姓名、年龄、性别:例如,"艾米,12岁,女"。

b. 生活习惯:描述你的日常活动,如"每天放学后喜欢阅读和进行体育活动"。

(4)**填写核心区域**:

a. 兴趣:列出你的学习兴趣和爱好,如科学、艺术、体育等。

b. 学习风格：确定你的主要学习方式，是视觉、听觉还是动手操作？

c. 强项：你在哪些学科或活动中感觉最自信？

d. 挑战：记录你在学习过程中遇到的主要困难。

e. 目标：设定具体的短期和长期学习目标，尽量具体明确。

（5）**反思与总结**：完成绘制后，花些时间反思你的画像。思考这些信息如何相互关联，特别是你的兴趣如何影响你的学习风格和目标。

你的锦囊

（1）**疯狂的名字**：在画学习者画像时，可以给自己取一个极致的"名字"，诚实地反映自己的真实想法和感受。例如"超级学霸艾米"。这是一个自我探索的过程，准确地了解自己可以帮你更好地设定学习目标，并且具象化。

（2）**深入探索感受**：尝试深入探索每一个兴趣和挑战背后的原因，这可以增进你对自己的了解，帮助发现新的学习动力源泉。

（3）**分享与交流**：与家人或朋友分享你的学习者画像，获取他们的观点和建议。外部的视角可能会提供新的洞见，帮助你完善自己的画像。

将目标简化为简短的词语或符号

你需要知道

下面，我们即将把那堆繁复的超级学习者画像材料变成简单易懂的小贴士！这个过程就像是"词汇魔术"，我们将通过它来定义清晰的目标路径。想象一下，我们就像是在进行魔法实验，把复杂的概念转化为几个简单的词语和图标，这样你的大脑就能更快地说："啊哈，我懂了！"

试一下

工具名称：信息收敛器

使用方法：

（1）精选关键信息：回头看看上一步的超级学习者画像，从中挑出最闪亮的信息点：兴趣、学习风格、强项、挑战，以及短期与长期目标。

（2）定义简洁词汇：将每个信息点转化为一个或两个词汇，这些词汇需要足够精确地捕捉原始信息的精髓。例如，"科学实验"简化为"实验"，"解决数学问题"简化为"数学高手"。

（3）创造符号：为这些精简后的词汇配上符号或图标，让它们变得更加生动。比如，为"实验"配上一个试管图标，

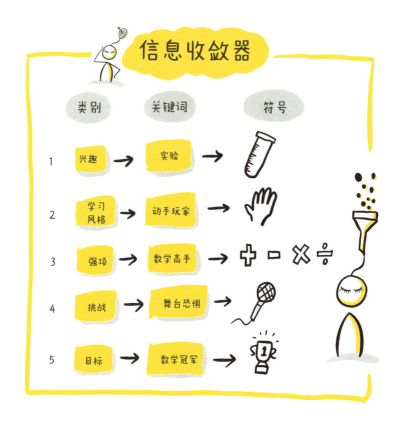

"数学高手"则可以是一个穿着斗篷的卡通数学家。

（4）视觉组织：将这些词汇和符号按类别进行整理，按颜色或形状进行区分，使得每个类别一目了然。

你的锦囊

（1）简洁为王：在转化这些复杂信息时，记住"越简洁越好"的原则。不要让过多的细节阻碍你看清楚真正的目标。

（2）**视觉化助记**：人脑对图像的记忆能力远胜于对文字的记忆能力，使用符号和颜色可以大大提高记忆效率，使学习过程更加轻松愉快。

（3）**灵活性**：这个精简过程可能需要几轮调整才能找到最适合你的表示方式。不要怕试错，每一次尝试都会让你离目标更近一步。

3
为每个目标制作一个吸引人的墙贴

你需要知道

拿出你的"艺术家帽子"，因为现在我们要将之前的干巴巴的信息变成令人眼前一亮的墙贴了！这一步是将你的梦想和目标转化为每天都能看到的实物的激励艺术。是的，你的学习空间即将变得超级个性化！

试一下

工具名称：思维写作法（Mind Writing Method）

使用方法：

（1）**心智图启动**：使用心智图来开启你的构思过程。从一个中心思想——也就是你的主要学习目标开始。然后围绕这个中心思想扩展出相关的主题和子主题,比如你的兴趣、挑战和短期目标。

(2)**关键词提炼**:从心智图中挑选出能最好代表每个主题的关键词。例如,如果中心思想是"成为数学高手",相关的关键词可能是"公式"和"逻辑"。

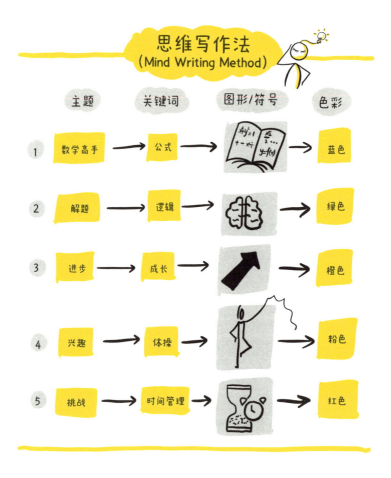

（3）**创意草图**：开始草绘你的墙贴设计。尝试将每个关键词转化为一个图形或符号，如将"公式"变成一个充满数学符号的书本，或者将"解题"象征化为一个正在解锁的大脑。

（4）**色彩与形式**：为你的草图添加色彩和形式。考虑使用能带来激励的颜色如橙色或蓝色，以及有动感的形状，如波浪线或箭头，来表示进步和动力。

你的锦囊

（1）**简洁与集中**：尽管我们鼓励创意，但最好还是保持设计的简洁和焦点的集中。避免设计过于复杂的图案，这可能会分散你的注意力。

（2）**功能性与美观并重**：确保你的设计不仅外观具有吸引力，更能实际帮助你实现学习目标。每一个设计元素都应该有助于激发你的学习动力。

（3）**视觉化**：使用图标和颜色可以大大提高记忆效率，使学习过程更直观、有趣。

4 制作墙贴，摆放出来

你需要知道

来点实践的乐趣！现在，我们要把那些精心设计的草图变成真正可以触摸和看到的学习目标墙贴。原型制作阶段是设计思维过程中将创意具象化的关键一步，它让你的想法首次以实物形式出现，这不仅能装饰你的学习空间，更能每天激励你迈向目标。

试一下

工具名称：目标墙贴工作站

使用方法：

（1）**准备材料**：收集所有制作墙贴所需的材料，包括彩纸、剪刀、胶水、彩笔、图钉或磁铁（取决于墙面类型），以及你在上一步设计的图形和符号。

（2）**墙贴制作**：根据你的创意草图，精确剪切出每个设计元素。使用彩纸为每个符号和关键词制作颜色鲜艳、形状独特的背景。

（3）**布局设计**：在一块大纸板或直接在墙上尝试排列这些墙贴。尝试不同的布局，直到找到最能展现你目标和创意的方案。考虑视觉平衡和色彩搭配，确保整体效果既和谐又能

激发灵感。

（4）固定和装饰：一旦确定了布局，使用图钉、磁铁或透明胶带将墙贴固定在墙上或纸板上。确保每部分都牢固地固定，同时易于在需要时重新调整。

你的锦囊

（1）灵活性至关重要：在制作和布局的过程中，如果发现某些设计元素不如预期的那样有效或美观，不要害怕进行调整。原型阶段的本质就是进行探索和实验，以找到最佳的解决方案。

（2）**参与感和乐趣**：邀请家人或朋友参与这个创造过程。这不仅可以使过程更加有趣，还可以帮助你从不同角度审视和改进设计。

5 每天审视你的墙贴并记录进度

你需要知道

这一步是检验你的学习目标墙贴是否真的在推动你前行。通过每日审视和进度记录，你不仅可以看到哪些目标激励着你，还可以发现哪些目标可能需要小小的改进。这不仅是一个反馈环节，更是一个让你持续进步、不断向上的秘诀。

试一下

工具名称：进度反馈记录器

使用方法：

（1）**设立检查点**：在你的学习区设置一个明显的"检查站"，如一个特别的笔记本或 App，专门用来记录每天或每周的成就和反思。

（2）**日常观察**：每天花几分钟站在你的学习目标墙贴前，反思这些目标是否还给你带来动力，以及你在每个目标上的进展情况。

（3）**记录关键发现**：在你的笔记本或 App 中详细记录任何关键的观察，不论是振奋人心的进展还是需要调整的地方。这将帮助你清晰地了解哪些策略最为奏效。

（4）**调整和优化**：根据你的记录，决定是否需要对墙贴的布局或内容进行调整。这可能包括更新某些符号、重新定义目标或改变它们的位置。

进度反馈记录器

日期	目标	进度描述	调整建议
2024年5月1日	数学高手	完成了两个数学挑战，感觉更自信了	不需要调整
2024年5月2日	动手玩家	创造了一个新的科学实验项目	增加更多实验材料
2024年5月3日	时间管理达人	完成了计划中的所有任务	尝试更复杂的任务
2024年5月4日	演讲新星	在班上成功进行了一次小报告	加强对声音的控制

你的锦囊

（1）**诚实记录**：测试阶段要求你对自己的进度和目标保持诚实。即使是那些看似不那么成功的记录，也是推动你前进的重要力量。

（2）**定期回顾**：定期设定时间回顾你的进度，比如每周一次。这有助于保持你的目标清晰，并确认你的努力是否在正确的轨道上。

（3）**适时调整**：学习需求会随时间变化而变化，你的墙贴和记录方法也应适应这些变化。保持开放和灵活的态度，根据实际情况进行必要的调整。

妙手整理网络学习资源

1. 找到跟你兴趣匹配的资源

新的挑战

在这个充斥着无尽信息的网络世界里,寻找那些真正能点燃你兴趣之火的资源的过程就像是在淘金,需要一些技巧和很多耐心。别担心,这里有设计思维的"探宝地图",让你能精准定位到宝藏!

你需要知道

戴上共情的潜水镜,潜入了解自己的海洋。这个阶段不仅注重感同身受,也是一个通过深入了解自己的兴趣、需求和动机的过程,帮助你找到和自己兴趣完美匹配的网络资源。这一步将使用"自我同理心访谈",这是一把钥匙,它能打开了解自己内心海洋世界的大门。

试一下

工具名称: 自我同理心访谈

使用方法:

(1)准备问题:首先,你需要准备一系列超棒的问题,问题是访谈的核心它就是那把钥匙,帮你打开内心宝藏的大门。这些问题不会很严肃,甚至有点像跟自己聊天,但它们能带你找到真正感兴趣的学习资源!来看看这些问题吧:

a."我为什么喜欢这个主题?它让我觉得开心还是有成就感?"

b."这个兴趣和我的日常生活有什么关系?它让我更快乐还是更忙碌?"

c."我希望通过这个兴趣做到什么?是成为小专家,还是仅仅为了好玩?"

d."如果我可以设计一个完全为我量身定做的资源库,它会是什么样的?"

(2)**设置访谈环境**:接下来,找个安静、温馨又能让你完全放松的地方,这可是属于你的时间和空间!比如:

a.把沙发上的抱枕堆成一座"王座",然后一边吃零食一边访谈。

b.躲进你最爱的房间角落,关上门,放上轻音乐。

c.拿上笔记本,跑到公园里的秋千上(小心别荡得太高,访谈需要稳点)。

如果你觉得独自访谈有点无聊,也可以请一个信得过的朋友来当"访谈助手",不过记得让他们别捣乱哦!

(3)**进行访谈**:一切准备就绪,现在开始访谈吧!你可以选择以下这些方式。

a.自问自答:对着镜子回答,用录音笔记录,或者写下自己的回答,看看你的"脑洞"能开到哪里。

b.朋友引导:让朋友用你准备的问题提问,然后认真回答,甚至可以讨论一下。

c.边画边聊:用思维导图记录你的答案,这样不仅能让访谈有趣,还能清晰展示你的兴趣点!

记住:访谈中别急着得出答案,重要的是用心倾听自己的内心声音,挖掘那些藏在问题背后的意义。比如:

a.追问"为什么":"我喜欢物理实验视频,那为什么不喜

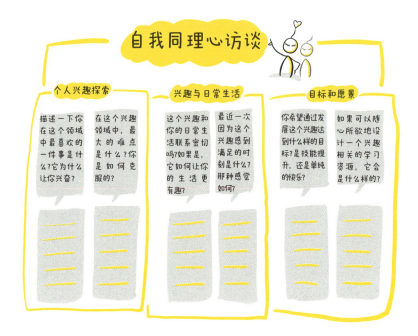

欢长篇文字呢?"

b.大胆设想:"如果我能为自己的兴趣定制一门课,它会有多酷?"

你的锦囊

(1)**开放和接纳**:在进行自我同理心访谈时,保持开放的心态至关重要。接纳所有的想法和感受,无论它们多么非主流或出乎意料。

(2)**深度挖掘**:不要满足于表面的答案,深挖每个问题背后的深层次意义。了解自己的兴趣背后的动机可以帮助你更准确地定位真正激发你热情的资源。

（3）记录和反思：确保记录下访谈中的所有关键点。访谈结束后，花时间反思这些信息如何帮助你更好地了解自己，以及如何用这些信息来寻找合适的网络资源。

2

整理"捞上来"的内容

你需要知道

好了，海量的信息已经通过你的自我同理心访谈浮出水面，现在是时候用一点设计思维的"筛子"来过滤和定义这些信息了！这一步我们要将那些杂乱无章的数据点整理成清晰、可操作的信息块。这不仅会帮助你看清楚哪些是真正的宝藏，哪些是需要扔掉的"沙子"。

试一下

工具名称：关键信息整理器

使用方法：

（1）**信息分类**：将访谈中提到的所有点分成几大类，如兴趣、学习挑战、资源需求等。使用便笺纸或软件来进行分类，每个类别用不同的颜色进行标记。

（2）**关键信息提炼**：在每个类别中，识别出最关键的信息点。这些应该是那些能够直接影响你选择网络资源的因素。例如，如果"视频教程"是频繁出现的信息点，那么它应被视为优先考虑的资源类型。

（3）**定义优先级**：对提炼出的关键信息进行优先级排序。使用简单的评分系统来决定哪些信息最重要，哪些次之。这将帮助你聚焦于最能满足你兴趣和需求的资源。

你的锦囊

（1）**保持简洁**：在定义问题时，尽量保持信息的简洁和清晰。过多的细节可能会让你迷失方向。

（2）**目标导向**：始终记住你的最终目标是找到能够匹配你兴趣的网络资源。不要被那些看似有趣但与目标无关的信息分散注意力。

（3）**灵活调整**：定义的过程可能需要你根据新的发现不断调整之前的分类和优先级。保持灵活和开放的态度，适应这些必要的变更。

3
尝试把资源组合成特色学习线路

你需要知道

跳进创意的海洋吧！我们将使用一种名为"How Might We"（HMW）的工具来开启一个思维的狂欢！想象你正在编织一个知识网，每一个结点都是一个精心挑选的学习资源，而我们的任务是将这些结点以最富创造性的方式连接起来。

试一下

工具名称：HMW 创意工作坊

使用方法：

（1）**理解 HMW**：HMW 是一种启发式问题框架，帮助参与者通过提问"我们如何……"来探索问题的可能解决方案。这种问题鼓励开放性思考和生成创意。

（2）**准备 HMW 问题**：根据你之前定义的关键信息，形成几个 HMW 问题。例如，如果一个关键点是"提高演讲技能"，你可以提出："我们如何通过有趣的在线互动提高演讲技能？"

确保每个问题都是开放式的，鼓励多种可能的答案。

（3）**组织一个 HMW 工作坊**：邀请朋友或同学参与。为每组提供白板（或大张的白纸）及彩笔。每组选择一个或多个 HMW 问题进行讨论。给每组 15~20 分钟时间，让他们进行自由头脑风暴，尽可能多地提出创意答案。鼓励参与者不要在此阶段过早评判任何想法。

（4）**分享和评估**：让每个小组分享他们的创意答案。其他小组可以提供反馈，帮助进一步扩展或细化想法。使用投票法选择每个问题中最受欢迎或最具创造性的解决方案。每位参与者可以给他们最喜欢的三个想法各投一票。

你的锦囊

（1）**鼓励无限创意**：在 HMW 创意工作坊中，没有"错误"的答案。鼓励大家跳出传统思维，提出大胆、创新的想法。

（2）**积极的反馈环境**：建立一个支持和积极的反馈环境。积极的反馈可以激励参与者进一步开发他们的想法。

（3）**持续迭代**：一旦选择了最佳想法，不要停止在此。考虑如何将这些想法转化为具体的行动步骤，并探索如何迭代与改进这些想法。

4 挑一条学习线路尝试运用

你需要知道

进入原型阶段,就像是把你的想法拿到试衣间一样——我们要看看这些想法穿在实际操作上是不是也这么合身!这一步的魅力在于通过视觉和结构化的呈现方式,将抽象的想法转变为具体可视的模型。"学习线路故事板"这个工具将是我们的裁缝师,帮助我们快速把创意学习线路变成可测试的模型。

试一下

工具名称:学习线路故事板

使用方法:

(1)**绘制故事板**:使用纸张或软件绘制故事板,将你的学习线路分解成多个具体的步骤。每一步代表学习过程中的一个关键活动或里程碑。

(2)**详细描述**:在故事板的每一步中详细描述活动内容,包括所需资源、目标和预期成果。这有助于清晰地理解每个环节的具体需求和功能。

(3)**视觉元素**:为故事板添加图片、图标或色彩编码,使每个步骤一目了然,增强可读性和吸引力。这些视觉元素可以帮助你更快地理解和记忆学习流程。

学习线路故事板

步骤	内容	资源需求	目标结果
1	观看教程	Python入门视频	访问视频教学网站	理解Python基础
2	实践项目	编写简单程序	计算机编程软件	应用基础知识
3	互动学习	参加编程线上研讨会	网络连接，注册账号	扩展学习网络
4	项目反馈	在线提交项目评审	提交链接和项目文件	获取反馈，改进作品
5				
6				

你的锦囊

（1）**简洁明了**：保持故事板的简洁明了，避免过多复杂的细节，这将帮助你和其他观看者快速把握核心内容。

（2）**功能导向**：确保每个部分都紧密联系实际的学习需求和目标，让故事板成为真正有用的工具，而不仅仅是一幅漂亮的图画。

（3）**快速迭代**：虽然这一阶段不一定需要深入测试和迭代，但保持对初步原型的快速调整和优化的思维是有益的，这将为后续的测试打下良好基础。

5 别忘了更新你的方法

你需要知道

恭喜你到达了设计思维旅程的关键一步——测试！这不仅仅是一个评估阶段，更是一个发现问题和改进设计的机会。现在，我们将使用"A/B 测试工具包"，来对比两个版本的学习路径，看看哪一个更能引爆你的学习热情和成效。想象你在比较两种口味的冰淇淋，选择你最爱的那一个！

试一下

工具名称：A/B 测试工具包

使用方法：

（1）**选择测试变量**：挑选两组不同的网络资源或学习工具作为变量进行测试。例如，一组可能侧重视频资源，另一组则侧重互动式教程。

(2)**制订测试计划**：安排相同的学习目标，使用不同的资源组合进行一段时间的学习（例如一周）。确保每种资源都在相同的条件下进行测试，以公平比较其效果。

(3)**收集数据**：记录在使用每组资源时的学习效果、学习者的参与度及满意度。数据可以通过在线调查、学习日志或直接反馈收集。

(4)**评估结果**：测试结束后，比较哪一组资源更有效地帮助参与者达到学习目标。分析哪些特定资源或方法对学习影响最大，并识别可优化或调整的地方。

A/B测试工具包

学习目标	测试版本	学习资源类型	参与度	用户满意度	效果评估
掌握基础编程	A版本	视频资源集合	高	非常满意	很有效
掌握基础编程	B版本	互动式教程	中	满意	有效
增进行业知识	A版本	文章和论坛	低	一般	较低效
增进行业知识	B版本	在线研讨会	高	非常满意	非常有效

你的锦囊

（1）**保持公正**：确保测试过程中的条件一致,避免因偏好影响结果的客观性。

（2）**关注用户体验**：测试不仅仅注重结果,也要评估学习过程中参与者的体验感受。用户的直观反馈往往对改善资源组合至关重要。

（3）**适时调整**：根据测试反馈调整资源组合,不断试错和优化是追求最佳学习效果的关键。

第五章

用设计思维
提升社交技能

探索和朋友共同的爱好

和朋友列出你们的爱好

新的挑战

你有没有发现,有时候和朋友们在一起,总是围绕同样的话题和活动?这次,你的挑战是找出你和朋友们的所有爱好，让我们一起策划一些全新的、有趣的活动。这不仅能让你们的友谊更加深厚，还能发现更多一起玩的乐趣！提升社交技能可是超级重要的，因为它能让你在学校和生活中更自信、更快乐。找到更多的共同兴趣能让你们更好地沟通和合作。

你需要知道

现在，请戴上一副"朋友的眼镜"，看看他们眼中的世界！在这里，我们会通过和朋友们的互动，找到彼此的所有兴趣。这会帮助你们更好地理解对方，建立更深厚的友谊。

试一下

工具名称：兴趣大爆炸

使用方法：

（1）**准备材料**：准备一些便利贴、大白纸和马克笔。你们也可以用软件来创建兴趣地图。

（2）**列出个人兴趣**：和朋友们聚在一起，每个人拿一些便利贴，在上面写下自己的兴趣爱好，比如打篮球、画画、看电影、做实验、弹吉他、玩电子游戏，等等。

（3）**绘制兴趣地图**：把所有的便利贴贴到大白纸上，不用分类，先把所有兴趣都展示出来。然后用彩笔在每个兴趣旁边画上小图标，比如打篮球可以画个篮球图标，画画可以画个画笔图标，让它们看起来更有趣。

（4）**分享和讨论**：每个人依次分享自己的兴趣，确保每一个都得到记录。讨论每个兴趣的细节，看看大家对这些兴趣的热情程度。记得多问几个"为什么"，比如"你为什么喜欢打篮球？""你最喜欢画什么？"这样可以更深入地了解每个人的兴趣。

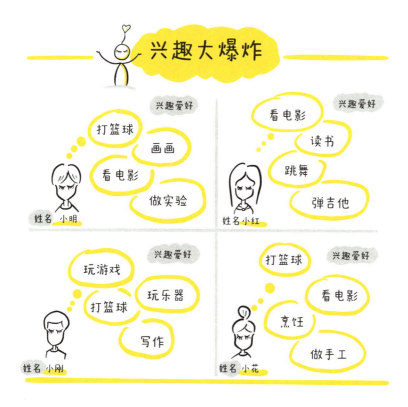

你的锦囊

（1）**一贴一想法**：每张便利贴上只写一个想法或兴趣，这样更容易分类和讨论，也让每个人都能更清楚地看到每个点子，避免混淆。

（2）**用大字体**：确保每个人都能看清楚便利贴上的字，方便阅读和分享。字体大一些，想法更容易被看到。

（3）**颜色编码**：使用不同颜色的便利贴来代表不同的类别或主题，视觉效果更好。例如，蓝色代表运动类，黄色代表艺术类，绿色代表科技类。

（4）**随时添加**：过程中想到新想法，随时添加便利贴，让讨论更灵活。鼓励大家尽量多写，想法越多越好，这样选择时才会有更多的选项。

发现你们共同的新起点

你需要知道

嘿！上一步里你们用兴趣大爆炸把所有的兴趣都展示出来了，现在是时候来个"兴趣大筛选"了，把这些兴趣按类别整理一下，找出那些大家都喜欢的，成为彼此共同兴趣的新起点。定义阶段就像在一片杂乱的星空中找到最亮的星星,要找出那些能让大家都开心和兴奋的共同兴趣,然后准备策划一些超级有趣的活动!

试一下

工具名称:兴趣筛选器

使用方法:

(1)准备材料:需要大白纸(上面已经有你们的兴趣便利贴了)、彩色马克笔和各种形状的贴纸(圆点、星星、心形等)。

（2）**分类和整理**：先把大白纸上的便利贴按类别整理，用不同颜色的马克笔圈出不同的兴趣类型。比如，蓝色代表运动类，黄色代表艺术类，绿色代表科技类。

（3）**识别共同兴趣**：现在，大家拿着不同形状的贴纸（圆点、星星、心形等），看看哪些兴趣是你也喜欢的，然后在这些兴趣旁边贴上一个贴纸。每个人都要参与，贴纸越多越好，这样我们能看到哪些兴趣最受欢迎。

（4）**优先级排序**：通过贴纸的数量，看看哪些兴趣获得的贴纸最多。贴纸最多的兴趣就是你们的共同新起点了！如果有好几个兴趣都获得了很多贴纸，可以再进行一次投票，最终选出大家最感兴趣的那两三个。

你的锦囊

（1）**鼓励参与**：在筛选过程中，鼓励每个人都积极参与，让每个人都有机会表达自己的喜好。记住，这是一个从心出发的过程，重在每个人的感受。

（2）**专注质量**：不要只是数量取胜，确保你们选择的共同兴趣是真正能让每个人都开心和投入的。

（3）**保持灵活**：在选择共同兴趣时，保持灵活的心态。如果发现有些兴趣虽然少有人喜欢但非常有趣，也可以考虑尝试一下。

3 为共同的爱好出个活动计划吧!

你需要知道

好啦,朋友们!我们已经找到了那些最闪亮的星星——你们的共同兴趣。现在,是时候发挥我们的想象力,设计一些令人兴奋的活动计划了!这一阶段是关于如何把这些兴趣转化为实际行动的,我们要头脑风暴,想出尽可能多的点子,然后挑选出最棒的计划来执行。让我们一起创造属于自己的奇妙时光吧!

试一下

工具名称: 兴趣头脑风暴

使用方法:

(1)**准备材料:** 准备一些大白纸、彩色马克笔和便利贴。

(2)**设定规则:** 在开始之前,设定一些头脑风暴的规则:所有想法都欢迎,不许批评或评判,鼓励奇思妙想,数量比质量更重要。

(3)**头脑风暴:** 把你们的共同兴趣写在大白纸的中央,然后围绕这个兴趣进行头脑风暴。每个人轮流说出自己的点子,写在便利贴上,然后贴到大白纸上。无论是去公园打篮球、在家里举办电影讨论会,还是一起做科学实验,所有点子都

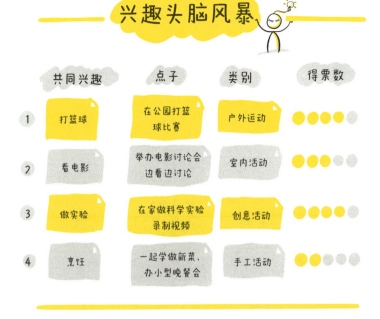

要记录下来。

（4）**分类和整理**：头脑风暴结束后，把所有的便利贴按类别分类。比如，户外活动、室内活动、创意活动等。

（5）**优先级排序**：每个人选出自己最喜欢的几个点子，可以用贴纸或打分的方式标记。最终选出那些得票最多的活动计划。

你的锦囊

（1）**鼓励创意**：在头脑风暴过程中，鼓励每个人大胆提出自己的想法。没有什么是不可能的，越新奇越好！

（2）**保持开放心态**：不要急于评判任何想法，让每个点子都有机会展示自己的潜力。

（3）记录一切：所有的想法都要记录下来，即使当下看起来有点不切实际，说不定未来会有意想不到的灵感呢！

4

行动！实践你们的计划！

你需要知道

冒险家们！经过我们的头脑风暴，现在我们手上已经有了很多出色的活动计划。是时候从纸上走到现实，开始实践我们的创意了！原型阶段就像是为你的活动做一个"预演"，看看哪些部分最合适，哪些需要调整。不要担心不完美，这一步的关键是尝试和体验！

试一下

工具名称：活动原型测试

使用方法：

（1）选择一个计划：从你们头脑风暴得到的点子中，选择一个大家最感兴趣的活动计划。

（2）分配任务：将活动计划细分成具体的任务，每个人都分配到一个任务。比如，有人负责准备材料，有人负责安排时间，有人负责邀请其他朋友参与。

（3）**准备材料**：确保所有需要的材料都准备齐全，比如篮球比赛需要篮球和场地，电影讨论会需要电影和投影设备，科学实验需要实验工具和材料。

（4）**实施活动**：大家一起行动起来，按照分配的任务开展活动。过程中要注意观察每个环节的效果，看看哪些地方做得好，哪些地方需要改进。

（5）**记录反馈**：在活动结束后，大家坐下来讨论一下活动的效果。每个人都分享一下自己的体验，记录下大家的反馈和建议。

活动原型测试

	活动计划	任务分配	准备材料
1	篮球比赛	组织场地：小明	篮球、运动鞋、饮用水
2	电影讨论会	电影选择：小红	投影仪、电影清单、零食
3	科学实验	准备材料：小刚	实验工具、材料、安全设备
4	烹饪晚餐会	菜单设计：小花	食材、厨房用具、菜谱

第五章　用设计思维提升社交技能

你的锦囊

（1）**保持灵活**：在实践过程中，保持灵活应变的心态。如果某些环节不如预期，可以随时调整和改进。

（2）**鼓励参与**：让每个人都积极参与到活动中，这不仅能提高活动的趣味性，还能让大家更有归属感。

（3）**享受过程**：记住，活动的目的是让大家开心和享受，所以不要过于追求完美。重要的是你们在一起的快乐时光。

5 聊聊体验，再变得更好

你需要知道

伙伴们！我们已经通过原型阶段尝试了那些有趣的活动计划，是不是特别棒？现在，是时候来聊聊我们的体验了，看看哪些地方还可以变得更好。测试阶段就像是对你的活动进行一次全面的"体检"，通过反思和反馈，让我们的计划越来越完美。准备好分享你的想法了吗？

试一下

工具名称：反馈环

使用方法：

（1）**准备材料**：准备一些便利贴、大白纸和马克笔。也可以用电子设备进行记录。

（2）**分享体验**：每个人依次分享自己在活动中的体验。可以谈谈自己喜欢的部分、不喜欢的部分以及任何有趣的发现。

（3）**收集反馈**：每个人写下自己的反馈和建议，贴在大白纸上。用不同颜色的便利贴代表不同类型的反馈，比如蓝色表示优点，黄色表示缺点，绿色表示建议。

（4）**讨论和分析**：集体讨论这些反馈，分析哪些部分做得好，哪些地方需要改进。大家可以一起头脑风暴，讨论如何改进活动计划，让它变得更好。

（5）**制订改进计划**：根据大家的反馈和讨论，制订一个改进计划。可以是调整活动的某些环节，增加新的元素，或者改变一些不合适的部分。

你的锦囊

（1）**保持开放心态**：在分享和接受反馈时，保持开放的心态。每个人的意见都很重要，任何反馈都是改进的机会。

（2）**关注细节**：注意收集和分析每一个细节，这些细节往往决定了活动的成败。

（3）**积极改进**：不要害怕发现问题，积极寻找解决办法，才能让你的活动计划变得越来越棒！

成为社交礼仪达人

1 生日派对、家庭聚餐、学校汇报——你最期待哪个

新的挑战

你有没有想过,为什么有些人在学校汇报上总是表现得那么自信、得体?或者为什么有些人总能在各种场合表现出

色？你的任务是通过学习和观察，掌握这些场合中的社交礼仪，成为真正的社交礼仪达人。不管是学校汇报、家庭聚餐还是生日派对，你都能自信满满，轻松应对！准备好迎接这个有趣的挑战了吗？

你需要知道

想象一下你在学校汇报上，能感受到观众的期待和一点点紧张，或者在家庭聚餐时，体会到长辈们的关心和期待。通过共情，你可以更好地融入这些场合，让自己和周围的人都感到愉快。今天，我们要通过观察，细致地了解在不同场合中人们的行为和情感反应，学习其中的社交礼仪。

试一下

工具名称：观察笔记

使用方法：

（1）**选择场合**：选择一个你最感兴趣的场合，比如学校汇报。

（2）**准备材料**：准备一个小笔记本和一支笔，随时记录观察到的细节。

（3）**带着目的观察**：在学校汇报上，安静地观察每个人的行为和互动。注意观察具体的礼仪细节，像个细心的记录员，注意这些细节：

a. 谁先开口说话？是主持人还是演讲者？比如，当演讲者上台时,主持人是否热情地介绍并鼓励大家鼓掌?

b. 观众们是怎么表达支持的? 是用掌声还是其他方式? 比如,有没有观众在演讲过程中点头或微笑表示赞同?

c. 大家是如何互相介绍和交流的? 有没有看到观众们在提问时面带微笑? 他们是如何展开对话的?

观察笔记

	场合	观察细节	社交礼仪相关细节	情感反应
1	学校汇报	主持人先介绍演讲者,演讲者依次回答观众的问题	主持人热情地介绍演讲者,主动鼓掌,微笑迎接	兴奋、期待
2	学校汇报	演讲者与每位观众进行眼神交流并回答问题	眼神交流和真诚的回答,简短而有礼貌的对话	紧张、专注
3	学校汇报	观众带上笔记本准时到场,认真听讲,积极提问	观众礼貌地举手提问,认真倾听,参与互动	愉快、专注
4	学校汇报	大家一起为演讲者鼓掌,演讲者感谢观众的支持	演讲者组织互动,确保每个人都能参与,照顾到所有人的感受	开心、满意
5	学校汇报	观众离场时感谢演讲者的支持	观众礼貌地表达感谢,演讲者友好回应	温馨、满意

d. 演讲者是如何与观众互动的？演讲者是否注意到每个观众的反应？比如，有没有主动与观众进行眼神交流，是否关心大家有没有理解和参与？

e. 观众们的礼仪表现如何？比如，观众是否准时到场？有没有认真倾听和做笔记？在互动中是否礼貌和友好？

（4）**记录情感**：除了行为，还要记录大家的情感反应，比如兴奋、紧张、愉快等。观察演讲者是否感觉到压力，观众们是否感到放松和保持专注。比如，当大家为演讲者鼓掌时，是否能看到每个人脸上的微笑？

（5）**分析笔记**：观察结束后，回顾你的笔记，找出在学校汇报中的关键社交礼仪。例如，演讲者与观众互动时的微笑和眼神交流，观众表达支持时的真诚和热情等。

你的锦囊

（1）**保持安静**：在观察过程中，像个安静的小猫，不要打扰别人。

（2）**细致入微**：注意每一个细节，越细致越好，这样你能发现更多的礼仪细节。

（3）**多角度观察**：像个多面手，从演讲者的角度、观众的角度和主持人的角度去观察，获得对礼仪更全面的理解。

（4）**有目的地观察**：带着明确的目的去观察，寻找特定的行为和反应，这样能更有针对性地发现礼仪的细节。

（5）**真实记录**：尽量真实地记录观察到的行为和情感，不要主观臆测。

别人都怎么做的

你需要知道

在上一步中，我们像观察员一样，细心地观察了学校汇报上的每个细节。现在，我们要进行下一步——定义问题。简单来说，就是找出在学校汇报中，哪些社交礼仪最重要，哪些地方我们还需要改进。定义问题就像是在一堆拼图中找到最关键的那几块，让整个画面变得清晰起来。

试一下

工具名称：亲和图法

使用方法：

（1）**收集信息**：回顾你在观察笔记中记录的所有细节。把这些细节写在便利贴上，每个细节写一个贴纸。

（2）**分类和归纳**：把相似的细节归类在一起。比如，把所有关于"演讲开场"的细节放在一起，把所有关于"观众互动"的细节放在一起。

（3）找到主题：看看每一类细节中，能不能总结出一个关键词或短语。比如，"热情开场""有效互动""精彩结尾"。

（4）确定关键问题：根据分类和主题，找出最重要的社交礼仪。问自己：哪些礼仪在学校汇报上最能让人感到印象深刻？我在哪些方面还可以改进？

（5）写下结论：把你的发现写下来，比如："在学校汇报

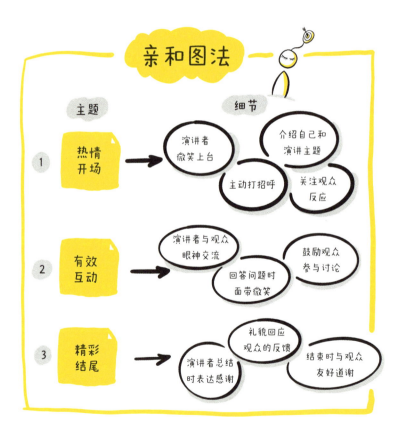

上,演讲者热情开场非常重要""在互动环节,观众可以更多地展现参与和支持"。

你的锦囊

(1)**充分表达**:在写便利贴时,不要吝啬你的描述,越详细越好。

(2)**大胆分类**:分类时,不要担心分错,只要觉得相似就放在一起。

(3)**反复琢磨**:在找到主题和确定问题时,可以多思考几遍,确保你找到了最重要的礼仪。

(4)**团队合作**:如果有机会,和小伙伴们一起做这个活动,大家集思广益,会有更多的发现。

3 融入你的风格

你需要知道

经过前两步的观察和定义,我们已经掌握了一些关键的社交礼仪,现在是时候发挥我们的创意,设计出适合自己的独特社交风格啦!构思就是要让你的创意像烟花一样绽放,用自己的方式把这些礼仪变得更有趣、更有个性。无论是学校汇报、家庭聚餐还是生日派对，都可以融入你的风格，让每一次社交都与众不同！

试一下

工具名称： SCAMPER 法

使用方法：

SCAMPER 法又称"奔驰创新法"，是一个非常有趣的工具，它通过七个不同的视角来激发你的创意，帮助你找到创新的礼仪方式。

（1）**准备材料**：准备好大白纸、彩色马克笔和便利贴。

（2）**设定目标**：回顾之前我们定义的问题，比如"如何在学校汇报中更得体地开场？"或"怎样让观众感到汇报更有趣？"

（3）**应用 SCAMPER 法**：

a. Substitute（替代）：想一想能不能用不同的方式来做同样的事情。比如，能不能用一个有趣的故事代替传统的自我介绍？

b. Combine（组合）：把不同的创意组合起来。比如，可以在开场时用幻灯片和视频来介绍主题。

c. Adapt（调整）：调整现有的做法以适应新的情况。比如，把传统的提问环节改成互动小游戏。

d. Modify（修改）：修改一些小细节让事情变得更有趣。比如，把讲义设计成互动式的，可以让观众自己填写。

e. Put to another use（用途转变）：想想还有什么其他用途。比如，汇报中的道具除了展示还能用来进行互动演示。

f. Eliminate（去除）：去掉一些不必要的环节。比如，去掉冗长的自我介绍，增加更多有趣的内容。

g. Reverse（逆向思维）：转换一下思维方式。比如，让观众提出问题后，演讲者现场解答并互动。

（4）**记录和选择**：把每一个想法都写在便利贴上，然后贴在大白纸上。大家一起讨论，选择最有趣、最可行的创意。

（5）**细化和实现**：对选出的创意进行细化，制订详细的计划。比如，如果选择了互动小游戏，就可以开始设计游戏规则，准备道具，练习互动流程。

你的锦囊

（1）**大胆创新**：SCAMPER法鼓励你从不同的角度思考问题，不要害怕大胆尝试。

（2）**数量胜于质量**：初期不要纠结于想法的质量，多多益善，之后再进行筛选。

（3）**视觉呈现**：用图画、颜色和符号来表达你的创意，让头脑风暴的过程更加生动有趣。

（4）**持续激荡**：不要一次就结束，多进行几轮SCAMPER，每一轮都可以有新的发现。

（5）**接受不同意见**：尊重每个人的创意，集思广益，才能碰撞出最亮眼的点子。

4 和朋友一起模拟

你需要知道

小伙伴们！现在我们手里握着一堆绝妙的创意点子，是时候让它们真正闪亮登场了！原型制作就像是魔法变身的过程，把你的想法迅速变成实际的东西，看看效果如何。今天，我们要用一个超级有趣的工具——"故事板"！这个工具不仅能让你的创意变得具体又有趣，还能让你省时省力。只需要动动手，你的创意就会像漫画一样跃然纸上，瞬间变得生动起来，简直不要太酷！

试一下

工具名称：故事板（Storyboarding）

使用方法：

（1）**准备材料**：纸张、彩色马克笔、便利贴。

（2）**设定场景**：选择一个你想要模拟的场景，比如学校汇报的开场、自我介绍、互动环节。

（3）**绘制故事板**：

a. 分步骤画图：把场景分成几个关键步骤，每个步骤画在一张纸上。

b. 简单生动的图示：用简图或小漫画展示每个步骤。比

如，画一个自信开场的演讲者，或是与观众互动的情景。

c.配上台词或动作：在每个图示旁边写上简短的台词或动作说明，比如"演讲者：'大家好，我是××，今天我要讲的是……'"。

（4）**组织故事板**：

a.按顺序排列：把所有步骤的图纸按顺序贴在大白纸或墙上，形成一个连贯的故事。

b.添加细节：如果觉得哪个部分需要更多细节，可以在图示旁边贴上便利贴进行补充说明。

（5）**分享和反馈**：

a.展示给朋友看：把你的故事板展示给朋友们看，听听他们的意见和建议。

b.记录反馈：把大家的反馈写下来，看看哪些地方可以改进。

（6）**调整和改进**：修改故事板：根据反馈对故事板进行调整和改进，让它更完善。

你的锦囊

（1）**用心画图**：画图时尽量简洁明了，不需要画得很复杂，但要让人一眼看懂。

（2）**多加细节**：在图示旁边添加动作和台词说明，让故事板更生动。

（3）**反复调整**：不要怕改动，反复调整，直到大家都满意为止。

（4）**多听意见**：展示给朋友看时，多听取他们的意见和建议，有时候别人的视角会给你带来新的灵感。

（5）**保持轻松**：别太严肃，把它当成一个有趣的创作过程，享受其中的乐趣。

5 在现实中大展身手

你需要知道

我们之前通过各种创意提升了自己的社交礼仪技巧，现在要在现实中测试它们是否真的奏效。测试的目标是看看这些礼仪技巧是否能让你在社交场合中更加得体、自信和受欢迎。这是一次有趣的冒险，也是一次宝贵的学习体验。

试一下

工具名称：社交礼仪 A/B 测试

使用方法：

（1）**准备两种方案**：选择两个不同的社交礼仪方案，比如不同的开场方式或互动形式。

（2）**选择测试场景**：选择一个即将到来的实际场景，比如一个学校汇报、课堂展示或社团活动。

（3）**分组测试**：将观众或参与者分成两组，在一组中使用A方案，在另一组中使用B方案。比如，在一组中用幽默开场，在一组中用正式开场。

（4）**观察和记录**：观察两组观众的反应，记录他们的表情、互动和反馈。注意他们的社交行为，如是否感到舒适、是否愿意互动等。

社交礼仪A/B测试

	场景	A方案	B方案	观众反馈	
1	学校汇报开场	幽默开场	正式开场	A组：大部分观众觉得幽默开场很有趣，但有点轻浮	B组：观众们更喜欢正式开场，觉得更专业
2	互动环节	问答互动	游戏互动	A组：观众们喜欢问答互动，但是问题有点枯燥	B组：观众们觉得游戏互动很有趣，但时间有点长
3	汇报环节	动态ppt展示	视频短片总结	A组：观众们觉得动态ppt展示很直观，但信息有点多	B组：观众们觉得视频总结很感人，但有点拖沓

（5）**收集反馈**：活动结束后，通过简短的问卷或口头询问，收集两组观众的反馈。可以问他们对开场方式的感受，对互动环节的评价，以及整体的体验。

（6）**分析结果**：将两组的反馈进行对比分析，找出哪个方案更能提升你的社交礼仪技巧。

你的锦囊

（1）**确保公平性**：尽量让两组在人数和背景上相对均衡，这样比较出来的结果更有参考价值。

（2）**注意细节**：在测试过程中，注意观察参与者的表情和肢体语言，这些细节能给你很多启发。

（3）**清晰记录**：无论是观察到的现象还是参与者的反馈，都要详细记录，便于后续分析。

（4）**鼓励真诚反馈**：告诉参与者你需要真实的反馈，无论是好的还是不好的，这样才能真正改进。

（5）**保持开放**：接受各种反馈，不论反馈的好坏，都是进步的机会。

（6）**不断优化**：根据测试结果，不断优化你的礼仪技巧，让它们逐渐变得完美。

设计一个只属于你的头像

1 回想你最骄傲的瞬间和爱好

新的挑战

今天要开始一段特别的旅程,目标是设计一个只属于你的独特头像。首先,你需要深入了解你最近的骄傲时刻和你热爱的事情。通过回顾这些重要时刻和事情，找到那些闪闪发光的记忆和爱好，把它们融入你的头像设计中，让它成为你个人的标志。

你需要知道

"情感曲线"就像一面镜子，反映出你内心的情感和经历。通过使用"情感曲线"这个工具，可以回顾你最近的骄傲时刻和爱好，梳理出那些让你情绪高涨的时刻。这一步非常重要，因为通过这种方式，你能更深刻地理解你自己，从而设计出一个真正反映你个性的头像。

试一下

工具名称：情感曲线

使用方法：

（1）**准备材料**：纸张、彩色笔。

（2）**选择时刻**：想一想你最近的三个骄傲瞬间和你最喜欢的三个爱好。

（3）**绘制时间轴**：在纸上画一条水平的时间轴，标记出你选择的时刻。时间轴可以是过去一年的时间线，或者你觉得重要的时间段。

（4）**绘制情感曲线**：在时间轴上方，用曲线表示你在这些时刻的情感变化。高点代表非常积极的情感，低点代表较为平淡的情感。可以用不同的颜色来表示不同的情感强度，例如，红色表示非常积极的情感，蓝色表示较为平淡的情感。

（5）**标记感受**：在每个高点和低点上，标记出你当时的具体感受，比如快乐、自豪、兴奋、放松等。高点可以用笑脸或太阳表示，低点可以用云朵或雨滴表示。

（6）**分析情感曲线**：回顾你的情感曲线，找出那些让你情绪高涨的时刻和爱好。它们就是你最重要的情感元素。

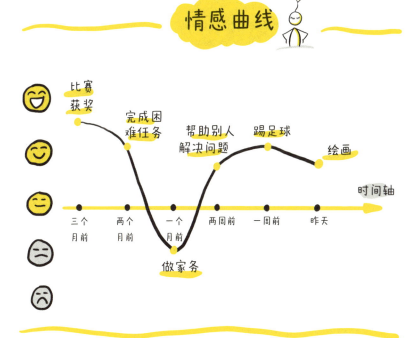

你的锦囊

（1）**享受过程**：享受自我探索的过程，发现自己更多的闪光点。

（2）**标记清晰**：在标记感受时，要尽量具体和清晰。例如，不只是写"开心"，而是写"因为比赛赢了而开心"。

（3）**情感强度**：在绘制情感曲线时，要注意情感的强度，高点和低点要明显区分，确保曲线的起伏能准确反映你的情感波动。

（4）**视觉呈现**：用颜色和符号来加强视觉效果，比如用红色表示激情，用蓝色表示宁静，用黄色表示快乐等。

找出你喜欢的主题

你需要知道

通过上一步的情感曲线，我们找到了那些让你情绪高涨的时刻和爱好。现在，我们要筛选出这些时刻和爱好中能代表你的主题，进一步收敛聚焦。

试一下

工具名称：HMW 问题

使用方法:

(1)回顾情感曲线:复习上一节绘制的情感曲线,找出那些让你情绪高涨的时刻和爱好,并将它们写下来。

(2)生成HMW问题:根据情感曲线中的高点,写出一些关于"How Might We..."("我们如何……")的问题。例如:

我们如何捕捉到绘画比赛获奖时的自豪感?

我们如何反映对踢足球的热爱?

我们如何体现在帮助别人时收获的温暖和快乐?

HMW问题

	类别	HMW问题	优先级
1	自豪感	我们如何捕捉到绘画比赛获奖时的自豪感?	高优先级
2	活力	我们如何反映对踢足球的热爱?	高优先级
3	温暖	我们如何体现帮助别人时收获的温暖和快乐?	次高优先级
4	创作热情	我们如何展示绘画时的创作热情?	中等优先级
5	团队精神	我们如何表达踢足球时的团队精神?	中等优先级

(3）整理和分类：将这些 HMW 问题进行分类，按相似性进行整理。比如，关于自豪感的 HMW 问题放在一起，关于活力的 HMW 问题放在一起。

（4）优先级排序：根据对你个人重要性的顺序，为每个类别中的 HMW 问题排序，挑选出最重要的几个。

（5）综合筛选：最后，根据优先级选择你最想在头像中体现的几个 HMW 问题。

你的锦囊

（1）具体化问题：确保你的 HMW 问题具体且明确，避免模糊不清的问题。例如，"我们如何让头像更有趣？"这种问题太宽泛，应具体化为"我们如何在头像中体现在绘画比赛获奖时的自豪感？"会更有帮助。

（2）避免过于复杂：HMW 问题应该简洁明了，避免过于复杂和长篇大论的问题，这样更容易集中精力和清晰思考。

（3）保持开放心态：在生成和选择 HMW 问题时，保持开放的心态，不要过早地排除任何可能性，允许自己发散思维。

（4）优先级排序：在整理和分类后，按照重要性排序，确保最重要的 HMW 问题得到优先考虑。

（5）关注用户需求：始终记住 HMW 问题是为了更好地理解和解决用户需求，确保问题始终围绕用户需求展开。

（6）避免过多：生成 HMW 问题时，不要一次生成太多，过多的问题会导致注意力分散和疲劳,适量的 HMW 问题更容易管理和解决。

3 创造你的独有头像

你需要知道

嘿,创意小达人们!这一步,我们要把之前定义的问题变成具体的创意。想象一下,把你喜欢的主题,设计出一个独一无二的头像。构思阶段是天马行空的创意时间,别害怕放飞你的想象力!这次,我们要用一种超级有趣的方法:脑写作法(Brainwriting)。你还可以邀请小伙伴们一起来参与,创意多多,乐趣多多!

试一下

工具名称:脑写作法(Brainwriting)

使用方法:

(1)**准备材料**:纸张、彩色笔、便利贴。

(2)**邀请小伙伴**:邀请几个好朋友一起参与,每个人都准备好纸和笔。

(3)**设定目标**:回顾你之前选择的 HMW 问题。比如,

脑写作法 (Brainwriting)

HMW问题	创意想法（轮次1）	创意想法（轮次2）	创意想法（轮次3）	最终设计
① 我们如何捕捉到绘画比赛获奖时的自豪感？	用奖牌和画笔组合成一个标志	添加金色和红色	增加火焰图案，象征热情	设计1：奖牌+画笔+金色+红色+火焰
② 我们如何反映对踢足球的热爱和活力？	用足球和心形组合	添加绿色和蓝色	增加闪电图案，象征速度和力量	设计2：足球+心型+绿色+蓝色+闪电
③ 我们如何体现帮助别人时获得的温暖和快乐？	用太阳和笑脸组合	添加黄色和橙色	增加手握手图案，象征友谊和支持	设计3：太阳+笑脸+黄色+橙色+手握手

"我们如何捕捉到绘画比赛获奖时的自豪感?""我们如何反映对踢足球的热爱?"等。

（4）**开始脑写作**：每个人在自己的纸上写下一个创意，关于如何把你喜欢的主题表达出来。写完后，把纸传给下一位。

（5）**继续补充**：接到纸的下一位小伙伴在前一个创意的基础上补充或修改，然后再传给下一个人。这样循环几轮，直到每个人的纸上都有丰富的创意。

（6）**分享和讨论**：最后，每个人分享自己纸上的创意，大家一起讨论和评选出最棒的创意。

（7）**整合创意**：将所有的创意整合在一起，选出你最喜欢的几个设计。你可以把它们画在一张大纸上，看看哪种组合最能代表你。

你的锦囊

（1）**真实表达**：每个人都要真实地表达自己的想法，不用担心他人的看法。

（2）**拒绝评判**：在脑写作过程中，不要评判或排除任何创意，先把所有的想法记录下来。

（3）**多样化思考**：尝试从不同角度思考，把各种元素组合在一起，创造出独特的设计。

（4）**合作共创**：通过小伙伴们的合作，共同创造出更多有趣的想法。

赶紧做个专属的模板

你需要知道

现在,我们要把所有的创意变成现实,制作出一个专属于你的头像模板。原型制作阶段是把你的创意具体化,通过实际操作来验证你的设计。别担心,这一步并不要求完美,而是让你可以看到和体验你的设计效果,看看哪些地方需要改进。

试一下

工具名称:纸上原型

使用方法:

提前准备好纸张、彩色笔、剪刀、胶水、贴纸等材料。

(1)**选择设计**:从之前的创意中选择你最喜欢的几个设计,准备把它们做成实际的模板。

(2)**绘制草图**:在纸上绘制你的头像设计草图。可以用铅笔先画出大致轮廓,然后用彩色笔进行详细描绘。

(3)**添加细节**:在草图上添加细节,比如文字、图案和颜色。可以用不同的贴纸和装饰品来增强视觉效果。

(4)**剪裁和拼贴**:如果你的设计包含多个元素,可以把它们分别剪下来,再拼贴到一起。这样可以更灵活地调整和组合。

(5)**展示和调整**:展示给朋友或家长,听取反馈意见,对设

纸上原型

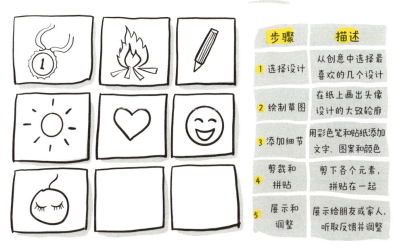

计进行调整。

你的锦囊

（1）**快速迭代**：原型制作强调快速创建和多次迭代。通过不断地测试和改进，可以迅速找到最佳设计方案。

（2）**从低保真度开始**：一开始的原型不需要太精细。用简单的材料和方法，如纸张、便利贴、积木等，快速搭建出一个初步的模型，目的是快速验证设计和功能。

（3）**大胆尝试**：原型制作阶段是一个探索和实验的过程，不需要追求完美，而是需要勇敢地尝试各种创意。

5 用你的个性头像让大家眼前一亮

你需要知道

现在到了验证你设计的时候了！通过测试，你可以收集到真实的反馈，看看你的个性头像是否如你所愿地传达了你的风格和个性。测试不仅仅是展示你的作品，更是一次学习和改进的机会。这次我们将使用一个有趣的工具：花苞刺（Rose, Bud, Thorn）。

试一下

工具名称：花苞刺（Rose, Bud, Thorn）

使用方法：

（1）**准备测试材料**：准备好你的头像设计，可以是几个不同版本的头像设计。

（2）**选择测试对象**：找一群朋友、家人或者同学，他们会给你真实的反馈。

（3）**展示设计**：把你的头像设计展示给测试对象，逐个展示每个版本，并给出一些背景介绍。

（4）**花苞刺反馈**：让测试对象分别指出他们认为的"花苞刺"。

花（Rose）：他们最喜欢的部分是什么？（正面的反馈）

苞（Bud）：有什么潜力或待改进的地方？（改进的机会）

刺（Thorn）：他们不喜欢的部分是什么？（负面的反馈）

（5）**记录反馈**：记录所有的反馈意见，确保没有遗漏任何信息。

（6）**分析反馈**：整理和分析收集到的反馈，找出每个设计的优点、待改进点和不足之处。

（7）**迭代改进**：根据反馈进行修改和改进，保留好的部分，改进有潜力的部分，修正不足之处。

花苞刺
(Rose, Bud, Thorn)

版本	测试对象	花（Rose）	苞（Bud）	刺（Thorn）
版本A	小明	金色奖牌很有荣誉感	图案可以再简洁一些	背景颜色太暗
版本A	小刚	喜欢金色奖牌	颜色可以更亮一些	奖牌形状可以更独特
版本B	小红	整体设计很简洁清爽	可以尝试增加一些亮色	颜色有点单调
版本B	小丽	字体设计很好看	背景颜色可以多样化	奖牌不够突出

你的锦囊

（1）**明确反馈类型**：确保每个测试对象都清楚"花苞刺"的三类反馈是什么含义。你可以先做一个示范，让大家明白怎么给出反馈。

（2）**安静观察**：在开始反馈时，先保持安静，给每个人时间独立思考并记录他们的观察。这有助于获取更真实的第一印象。

（3）**细化反馈**：有些观察既可以定性为"花"，也可以定性为"苞"和"刺"，分别记录在不同的便利贴上，确保每一个反馈都具体明确。

（4）**鼓励详细反馈**：鼓励测试对象给出详细的反馈，而不仅仅是简单的"好"或"不好"。例如，问他们具体喜欢哪个部分，不喜欢哪个部分，为什么。

（5）**避免过度影响**：展示设计时，不要过多地引导或解释，让测试对象根据第一印象给出最真实的反馈。

（6）**多样化反馈**：尝试让具有不同背景、不同喜好的人来测试，收集多样化的反馈，帮助你从不同角度看待你的设计。

（7）**重视负面反馈**：对待负面反馈时，要保持开放的态度，视其为改进的机会。尝试理解背后的原因，而不是直接否定。

第六章

用设计思维
履行社会责任

温暖社区的爱心书屋

让书香飘满社区

新的挑战

你有没有想过,如何让社区里的爱心书屋成为每个人心中的阅读天堂?我们的任务就是通过沉浸式体验,深入了解社区居民在书屋中的真实感受和需求，打造一个真正温馨和受欢迎的爱心书屋。准备好迎接这个充满书香的挑战了吗？

你需要知道

共情就像是穿上别人的鞋子，体验他们的生活。在这一步，我们要通过亲身体验爱心书屋的各种场景，深入了解社区居民的阅读习惯和感受。通过这种沉浸式体验，我们能找到让书屋吸引每一个人的方法。

试一下

工具名称： 沉浸式体验

使用方法：

（1）准备工作：

a. 选择时间：选择一个社区书屋开放的时间段，确保能够观察到不同时间点的使用情况。

b. 准备记录工具：带上笔记本、录音笔或手机，方便随时记录观察到的细节和感受。

（2）沉浸体验：

a. 多角度体验：在书屋中分别扮演不同角色，如普通读者、孩子、老年人、学生等，体验他们的阅读过程。

b. 观察和记录：注意书屋的布局、书籍的摆放、阅读环境的舒适度、读者的行为和互动等。记录下每一个细节和自己的感受。

c.互动交流：与其他读者进行交流，询问他们对书屋的看法和建议。可以问他们："书屋里你最喜欢的地方是什么？""你希望书屋里还可以增加什么？"

（3）体验情感：

a.记录情感反应：在体验过程中，记录下自己的情感反应，如舒适、愉快、烦躁等。注意其他读者的情感反应，看

角色 学生

时间段	观察细节	情感反应	其他读者的反馈
周六上午9:00	学习区安静，但桌椅数量不足，空间有点紧凑	有点不舒服	学生建议增加更多学习桌椅，避免空座位无法使用的情况
周六上午11:00	环境安静，但周围桌子椅子紧凑，桌上书籍杂乱	稍微局促，但还能接受	其他读者反馈希望书屋增加更多书桌，并优化桌面整洁度
周六下午13:00	学习区变得人多，周围有人交谈，影响专注度	有点分心	一些学生反映书屋应设立安静学习区域，避免被干扰
周六下午15:00	学习区域空出座位，但周围环境较为嘈杂	稍微不安，想要安静	学生建议可以设立单独的安静区域，避免影响集中精力
周六傍晚18:00	学习区域逐渐空闲，环境安静，适合集中精力复习	舒适，能专注	学生觉得在这样安静的环境下，复习效率更高，书屋氛围很棒

看他们是否感到满意和愉快。

b. 拍摄照片：如果可以，拍摄一些书屋的照片，记录书屋的布置和读者的活动情况。

（4）**分析信息：**

a. 整理体验记录：将沉浸式体验过程中记录的笔记和照片整理成一份详细的报告，找出书屋的优势和不足。

b. 总结需求：根据体验和交流的信息，总结出社区居民对书屋的具体需求和改进建议。

你的锦囊

（1）**带着目的体验**：在沉浸式体验中，要带着明确的目的进行观察和记录。比如，你的目的是了解书屋的舒适度和使用情况，那么你需要特别关注这些方面。

（2）**多次体验**：一次的体验可能不够全面，尝试在不同的时间段、不同的天气条件下进行多次体验，以获得更全面的信息。

（3）**注意细节**：从书籍的摆放到灯光的亮度，从座椅的舒适度到空气的流通情况，每一个细节都可能影响读者的阅读体验。

（4）**同理心**：在沉浸式体验中，要尽量站在不同角色的角度去体验和感受他们的需求和困难。比如，作为一名老年读者，你可能会注意到书籍字体的大小和书架的高度；作为一个孩子,你可能会关注阅读区域的色彩和书籍的有趣程度。

(5)**真实记录**:尽量客观、真实地记录你的感受和观察到的情况,避免加入个人主观的判断和臆测。

(6)**持续更新**:沉浸式体验并不是一次性的工作,要根据实际情况进行持续的更新和调整,确保信息的时效性和准确性。

找到阅读的桥梁

你需要知道

嘿,小伙伴们!经过沉浸式体验,我们收集了很多关于社区爱心书屋的信息。现在是时候整理这些信息,找出书屋中存在的问题和可以改进的地方了。通过定义问题,我们能够更清晰地了解社区居民的阅读需求,找到让书屋变得更好的方法。今天,我们要使用用户历程地图这个工具,把大家的体验和反馈整理出来,为接下来的创意构思打下基础。

试一下

工具名称:用户历程地图 I

使用方法:

(1)**准备材料**:大白纸、彩色马克笔、便利贴。

用户历程地图 Ⅰ

角色：学生

	上午9:00	上午10:30	中午12:00	下午14:00	下午16:30
时间轴					
关键步骤	进入书屋，找到学习区域坐下准备复习	开始复习课本，专心做题	休息时间，去取餐或喝水	继续复习，完成剩余的任务	复习结束，开始整理书桌和收拾资料
情感反应	感到兴奋、期待	集中精力，轻松	放松、开心	有些疲惫、焦虑	满意、解脱
情感高点		通过不断解题，感觉自己进步了	能和朋友聊聊天，暂时放松一下	专注力提高，做对了几个难题	完成任务，感觉很有成就感
情感低点	环境安静，坐下很有复习的氛围，空间有些紧凑，桌椅较少，有点局促	旁边有同学讲话，稍有分心	有些人占座不离开，其他座位有限	面对不太感兴趣的内容，感到有些疲惫	书桌乱糟糟的，收拾起来比较麻烦

第六章　用设计思维履行社会责任

（2）**绘制时间轴**：在大白纸上画一条横轴，表示时间线。根据不同的用户角色（如普通读者、孩子、老年人、学生）分别绘制时间轴。

（3）**记录关键步骤**：在时间轴上标出用户在书屋中经历的关键步骤，如进入书屋、寻找书籍、阅读、互动和离开等。

（4）**标记情感反应**：使用不同颜色的便利贴标记用户在每个步骤中的情感反应，如愉快、困惑、满意、不满等。将这些情感标记贴在相应的时间轴上。

（5）**发现情感低点**：观察每个用户角色的历程地图，找出他们在书屋中遇到的情感低点，并标注出来。

（6）**排序和总结**：根据情感低点的数量和严重程度，对这些问题进行排序，确定最需要改进的部分。

你的锦囊

（1）**多角色视角**：关注不同用户角色的体验，如普通读者、孩子、老年人和学生，确保每个角色的需求都得到关注。

（2）**细致记录**：记录每个步骤中的具体行为和情感反应，越详细越好，有助于更全面地理解用户需求。

（3）**关注情感变化**：特别注意用户在不同步骤中的情感变化，找出情感高低点，这些是改进的重点。

（4）**团队协作**：如果可以，和小伙伴们一起制作用户历程地图，集思广益，更容易发现问题。

（5）**反复优化**：用户历程地图是一个动态的工具，随着收集到更多信息，可以对用户历程地图不断进行更新和优化。

3 理想的爱心书屋

你需要知道

经过前两步的深入探访和问题定义，我们已经了解了爱心书屋中存在的一些问题和需要改进的地方。现在是时候发挥我们的创造力，设计出一个理想的爱心书屋了！构思阶段就是要让你的创意大爆发，找出各种有趣的解决方案，让书屋变得更加温暖、舒适和吸引人。今天，我们要使用一个超级有趣的工具——六顶思考帽！这个工具能帮助你从多个角度进行创意构思，简直是激发灵感的"神器"！

试一下

工具名称：六顶思考帽

使用方法：

（1）**准备材料**：大白纸、彩色马克笔、便利贴。

（2）**设定主题**：确定你要解决的问题，比如"如何让爱心书屋更具吸引力？"或"如何改进书屋的阅读体验？"

（3）六项思考帽的应用：每个思考帽代表一种思维方式。依次应用每顶帽子的思维方式进行头脑风暴。

a. 白帽子（事实）：

列出你知道的所有事实和信息。比如，书屋的现有设施、社区居民的阅读习惯等。

例子：目前书屋有 1000 本书，社区居民喜欢读历史和科幻类书籍。

b. 红帽子（情感）：

写下你对书屋的直观感觉和情感反应。比如，书屋的氛围是否温馨，是否让人愿意待在里面。

例子：感觉书屋的装饰有些单调，不够吸引人。

c. 黑帽子（风险）：

列出书屋可能存在的风险和问题。比如，书屋的书籍陈列不合理，空间利用不足。

例子：书架太高，小朋友拿不到喜欢的书。

d. 黄帽子（积极）：

写下书屋的优势和积极面。比如，书屋的书籍种类丰富，社区居民热心捐赠书籍。

例子：书屋的开放时间很灵活，大家可以随时来借阅。

e. 绿帽子（创意）：

写下各种创新的点子和可能的解决方案。比如，增加阅读角、举办读书会等。

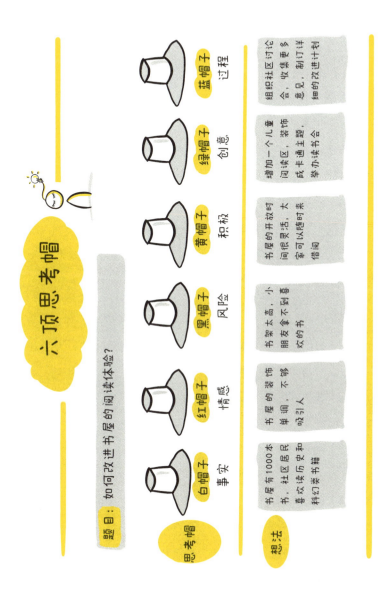

例子：在书屋增加一个儿童阅读区，装饰成卡通主题，举办读书会。

f. 蓝帽子（过程）：

总结和规划下一步行动。比如，如何实施你的创意、如何分工合作等。

例子：组织一次社区讨论会，收集更多意见，制订详细的改进计划。

（4）**记录和整理**：把每顶思考帽的想法分别记录在大白纸上，并用不同颜色的便利贴进行分类和整理。

（5）**选择最佳创意**：通过讨论，选择最有趣、最可行的创意，作为你们下一步的行动计划。

你的锦囊

（1）**分阶段思考**：每顶思考帽代表一种思维方式，分阶段思考可以帮助你更全面地分析和解决问题。

（2）**多角度思考**：不要局限于一种思维方式，尝试从多个角度去看问题，更容易找到创新的解决方案。

（3）**团队协作**：和小伙伴们一起进行六顶思考帽的讨论，集思广益，碰撞出更多的创意火花。

（4）**记录详细**：详细记录每顶思考帽所带来的想法，有助于后续的整理和分析。

（5）**保持开放**：对每个想法都保持开放态度，不要急于评判，多讨论，找到最优的解决方案。

4
动动手,制作小书屋模型

你需要知道

嘿,小伙伴们!现在我们手里握着一堆绝妙的创意点子,是时候让它们真正闪亮登场了!原型制作就像是魔法变身的过程,把你的想法迅速变成实际的作品,看看效果如何。今天,我们要用一个超级有趣的工具——3D 纸模制作!这个工具不仅能让你的创意变得具体又有趣,还能省时省力。只需要动动手,你的创意就会像小房子一样跃然纸上,瞬间变得生动起来,简直太酷了!

试一下

工具名称: 3D 纸模制作

使用方法:

(1)准备材料:卡板纸、扭扭棒、橡皮泥、乐高积木、剪刀、胶水、彩色马克笔、直尺、铅笔、胶带。

(2)绘制设计图:在卡板纸上用铅笔画出你理想的小书屋的各个部分,比如墙壁、屋顶、书架等。用直尺帮助你测量并画出精确的尺寸。示例:墙壁尺寸为 20cm×15cm,屋顶为 20cm×10cm 的两个三角形和一个 20cm×10cm 的长方形。

(3)剪裁和组装:用剪刀小心地沿着设计图剪裁卡板纸。

使用胶水或胶带将各个部分拼接起来,形成一个立体的小书屋模型。确保每个部分都牢固黏合,不易掉落。用乐高积木搭建书屋的基础结构,用扭扭棒和橡皮泥进行细节装饰。

(4)装饰和细化:

a.用彩色马克笔为你的小书屋上色,可以画上窗户、门、书架和其他装饰。示例:用红色马克笔为屋顶上色,画上书架和书籍的图案,让小书屋看起来更生动。

步骤	描述	成果展示
绘制设计图	在卡板纸上画出小书屋的各个部分(墙壁、屋顶、书架等)	
剪裁和组装	用剪刀剪裁卡板纸,用胶水或胶带拼接成立体模型	
装饰和细化	用彩色马克笔为小书屋上色,并添加窗户门等细节	
添加小装饰	用纸片、扭扭棒和橡皮泥制作小桌子、椅子和书本,放置在模型中	
展示和反馈	展示给朋友和家人,听取意见和建议,记录反馈	

3D纸模制作

b.添加细节：可以用纸片、扭扭棒和橡皮泥制作一些小装饰，比如小桌子、椅子和书本，放置在小书屋模型中，让它更具吸引力。示例：用扭扭棒制作一个小书架，用橡皮泥捏成小书本放在书架上。

（5）展示和反馈：

a.把你的小书屋模型展示给朋友和家人，听听他们的意见和建议。

b.记录他们的反馈，看看哪些地方还可以改进。

你的锦囊

（1）**简化原型**：一开始的原型不需要太复杂，先做一个简化版的原型，目的是快速展示你的创意。

（2）**快速迭代**：制作原型的过程是一个不断优化的过程，根据反馈进行快速迭代和改进。

（3）**使用色彩**：用彩色马克笔为你的模型上色，可以让它更生动，吸引更多人的关注。

（4）**关注细节**：添加一些小细节，比如窗户、书架和装饰品，让你的模型更加真实和有趣。

（5）**团队合作**：和小伙伴们一起制作原型，分工合作，大家的创意碰撞在一起，会产生更多有趣的想法。

5 邀请大家来体验

你需要知道

现在我们已经有了一个超级酷的小书屋模型,是时候邀请大家来体验一下了!测试阶段就是要看看我们的创意在现实中是否真的奏效。这是一个检验和优化的过程,通过实际体验找到改进的方向。今天,我们要用一个新颖的工具——"I Like,I Wish,What If"反馈法(也可以简称"3I反馈法")!通过这个工具,你可以收集到大家的真实感受和建议,快速迭代,打造更完美的小书屋。

试一下

工具名称:"I Like,I Wish,What If"反馈法

使用方法:

(1)**准备材料**:大白纸、彩色马克笔、便利贴、胶带。

(2)**设置反馈区域**:在你的小书屋模型旁边贴上一张大白纸,作为反馈墙。用彩色马克笔在反馈墙上画出三个区域:"I Like(我喜欢)""I Wish(我希望)""What If(如果这样会怎样)"。

(3)**邀请体验**:邀请朋友、家人或社区成员来体验你的小书屋模型。让他们详细了解你的设计和创意。

（4）**收集反馈**：让每个体验者用便利贴写下他们的感受和建议，然后贴在反馈墙的相应区域。鼓励大家多写，越详细越好。

（5）**观察和记录**：在大家体验的过程中，仔细观察他们的反应，记录下他们的行为和表情。注意哪些地方大家特别喜欢，哪些地方需要改进，哪些新奇的点子让人眼前一亮。

（6）**分析反馈**：体验活动结束后，回顾反馈墙上的内容，

把各个区域的反馈整理归纳。分析大家的反馈，找出最常见的问题和最受欢迎的设计。

你的锦囊

（1）**鼓励多样化反馈**：鼓励体验者从不同角度提出反馈，不仅限于好的地方，也要听听大家的改进建议和新奇点子。

（2）**细心观察**：在体验过程中，细心观察体验者的行为和反应，这些无声的反馈往往更能揭示真实的问题。

（3）**真实记录**：记录反馈时尽量详细、客观，不要遗漏任何细节。

（4）**开放心态**：接受各种反馈，无论好坏都可能是改进的机会。

（5）**快速迭代**：根据反馈迅速做出调整和改进，反复测试，直到满意为止。

守护我们的"毛茸茸"朋友

1 走进流浪动物的世界

新的挑战

小伙伴们,想象一下我们每天经过的社区和街道,总能看到那些无家可归的流浪动物。他们的生活充满了艰辛,我们的社区中也有不少人在默默地帮助它们。但是,这些帮助能否真正改善它们的生活？我们的挑战是，通过深入了解这些流浪动物和帮助它们的志愿者，找到有效的方式来保护这些小可爱们，同时也要考虑到社区中其他人的需求和反对意见。准备好了吗？让我们一起踏上这段充满爱的旅程吧！

你需要知道

在这一步，我们要深入了解流浪动物的生活现状，志愿者的辛勤付出，以及社区居民的不同声音。只有这样，我们才能真正理解流浪动物保护中的挑战和需求。

试一下

工具名称：深入访谈

使用方法：

深入访谈是一种非常有效的工具，通过与不同的人群进行深度对话，我们可以获得他们的真实想法和感受。

（1）准备阶段：

a. 确定访谈对象：志愿者、救助人员、社区居民（包括支持和反对流浪动物保护的人）。

b. 准备问题清单：针对不同对象准备详细的问题。

（2）访谈阶段：

a. 建立信任：访谈前简要介绍自己和访谈目的，确保受访者感到放松和信任。

b. 引导对话：开始时用开放性问题进行引导，如"你认为流浪动物的现状如何?""你在帮助流浪动物的过程中遇到过哪些困难?"

c. 深入探讨：通过了解细节和案例，深入了解他们的感受和想法。

（3）记录和分析：

a. 详细记录：记录访谈中的关键信息和情感反应。

b. 分析信息：从记录中提炼出核心问题和共性。

（4）访谈曲线：

a. 建立联系：轻松问候，介绍自己和访谈目的。

问题示例："能介绍一下你自己吗?你是如何参与到流浪动物保护中的?"

b. 引出话题：用开放性问题引导对话。

问题示例："你认为流浪动物的现状如何?你在帮助流浪动物的过程中遇到过哪些困难?"

c. 深入讨论：通过了解细节和案例，深入了解他们的感受和想法。

问题示例："在帮助流浪动物时，你觉得最让你感到困难的是什么?能具体讲讲吗?"

d. 反对意见：对不同的意见进行讨论。

e. 总结和感谢：总结关键点，感谢受访者的分享。

问题示例："非常感谢你的分享。这些信息对我们的项目非常有帮助。"

深入访谈

阶段	问题	受访者回答
建立联系	能介绍一下你自己吗？你是如何参与到流浪动物保护中的？	
引出话题	你认为流浪动物的现状如何？你在帮助流浪动物的过程中遇到过哪些困难？	
深入讨论	在帮助流浪动物时，你觉得最让你感到困难的事什么？能具体讲讲吗？	
反对意见	有人认为救助流浪动物影响了社区环境，你怎么看？	
总结和感谢	非常感谢你的分享，这些信息对我们的项目非常有帮助	

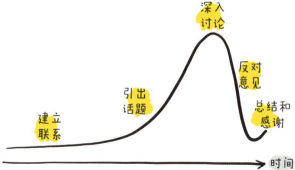

你的锦囊

（1）**建立信任**：确保受访者感到放松和信任，才能获得真实的回答。

（2）**开放式问题**：以开放式问题为主，引导受访者表达出更多细节和情感。

（3）**追问技术**：在受访者提到重要细节时，使用追问技术深入挖掘更多信息。

（4）**保持中立**：不要对受访者的回答进行评判或引导，保持中立的态度。

（5）**灵活调整**：根据受访者的反应，灵活调整访谈问题和顺序。

2

发现"毛茸茸"们的需求

你需要知道

通过上一步的深入访谈，我们了解到了很多流浪动物保护中的挑战和需求。现在，我们要整理这些信息，找出保护流浪动物过程中最需要解决的问题。定义问题的过程就像拼图一样，把零散的信息拼凑成完整的画面，找到关键问题并确定优先级。

试一下 🔑

工具名称：用户历程地图Ⅱ

使用方法：

（1）**准备材料**：大白纸、彩色马克笔、便利贴。

（2）**绘制时间轴**：在大白纸上画一条时间轴，标注出志愿者和救助人员一天中各个时段的重要事件。

（3）**标记事件**：回顾访谈笔记，把志愿者和救助人员在一天中经历的重要事件写在便利贴上，按时间顺序贴在时间轴上。

（4）**标注情感曲线**：用不同颜色的马克笔在时间轴上画出他们在每个事件中的情感曲线。高点代表愉快的时刻，低点代表困难或不愉快的时刻。

（5）**分析情感低点**：找出情感曲线中的低点，看看这些低点对应的事件是什么。比如，"食物来源不稳定""缺少安全的庇护所""缺乏医疗帮助""社区居民反对救助行动"等。

（6）**确定关键问题**：根据情感低点，找出志愿者和救助人员在保护流浪动物过程中最需要帮助的问题。

（7）**写下结论**：把你的发现写下来，比如："志愿者在寻找食物时面临困难""救助人员需要更多的庇护所""医疗资源不足是个大问题""社区环境脏乱影响居民生活"等。

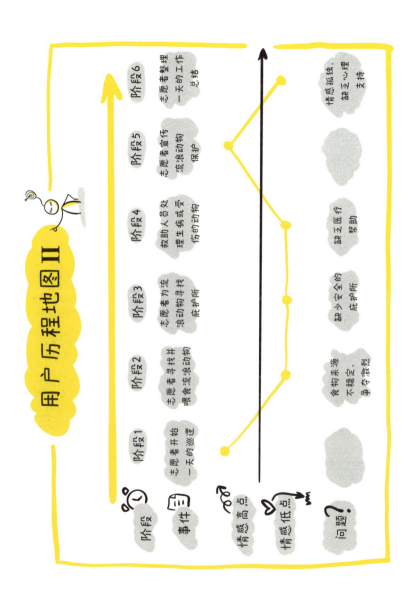

你的锦囊

（1）细致入微：在记录事件和情感曲线时，尽量详细，越细致越好。

（2）多角度分析：从多个角度分析情感低点，找出潜在的问题。

（3）团队合作：和小伙伴们一起绘制和分析用户历程地图，集思广益，发现更多问题。

（4）真实记录：尽量真实地记录访谈中得到的信息，不要主观臆测。

（5）关注反对意见：重视社区居民的反对意见，理解他们的顾虑和需求。

3 策划流浪动物保护方案

你需要知道

经过前两步的观察和定义，我们已经了解了流浪动物保护中的关键问题。现在是时候发挥我们的创意，策划出一个完美的保护方案啦！这一步，我们要用一个超级有趣的工具——"疯狂八分钟"。这个工具能让你的大脑迸发出源源不断的创意，快速找到解决方案！

试一下 🔑

工具名称：疯狂八分钟

使用方法：

（1）准备材料：A4纸、计时器、彩色笔。

（2）设定问题：回顾之前我们定义的问题，比如"如何提供稳定的食物来源？""怎样增加安全的庇护所？""如何改善社区环境，让居民更愿意接受流浪动物？""怎样提高社区居民对流浪动物的关爱和参与度？"

（3）分割纸张：将A4纸对折三次，打开后会有8个小格子。

（4）**快速绘制**：设定八分钟的计时，每分钟在一个格子里画一个解决方案的简图。

（5）**多轮创意**：完成第一轮后，可以进行第二轮，在新的纸上继续创意。

（6）**分享和讨论**：将每个人的创意展示出来，大家一起讨论和选择最有潜力的方案。

（7）**细化和实施**：对选出的创意进行细化，制订详细的计划。比如，"建立一个流浪动物救助基金，每月组织募捐活动"。

你的锦囊

（1）**速度优先**：重点在于快速产生大量创意，而不是每个创意的质量。

（2）**多轮次尝试**：可以进行多轮次的"疯狂八分钟"，每一轮都能激发参与者们新的灵感。

（3）**视觉化**：通过绘制简图，让创意更直观、更容易理解。

（4）**自由发挥**：不要担心创意是否切实可行，尽情发挥你的想象力。

（5）**团队合作**：分享每个人的创意，互相启发和完善，让创意更加丰富和多样化。

4 用手思考,设计"毛茸茸"的安全小窝

你需要知道

现在我们手里握着一堆令人兴奋的创意点子,是时候让它们真正闪亮登场了!今天我们要用一个超级有趣的工具——封面故事(Cover Story Mock-ups)!通过这个工具,我们可以把我们的创意具体化,用故事的方式展示出来,就像一本杂志的封面故事一样,超级酷!

试一下

工具名称:封面故事(Cover Story Mock-ups)

使用方法:

(1)**准备材料**:大白纸、彩色马克笔、便利贴、剪刀、胶水、卡板纸、扭扭棒、橡皮泥、乐高等材料。

(2)**设定目标**:确定你要展示的创意主题,比如"理想中的流浪动物庇护所"。

(3)**写故事**:想象一个理想的场景,写下封面故事。故事要简短精悍,描述你的创意如何改变了现状,给流浪动物和社区带来了哪些美好的变化。

(4)**创建图像**:用卡板纸、扭扭棒、橡皮泥、乐高等材料创建故事中的关键场景。比如,庇护所的外观、内部布局、

封面故事 (Cover Story Mock-ups)

志愿者和动物互动的画面。

（5）**添加批注和边栏**：在大白纸上创建主要图像的同时，添加批注、引用和边栏，解释图像中的细节和创意背后的想法。

（6）**展示封面故事**：把你的封面故事展示在大白纸上，确保每个人都能清楚地看到和理解你的设计。

（7）**收集反馈**：把封面故事展示给朋友和社区成员，听取他们的意见和建议，看看哪些地方可以改进。

（8）**调整和优化**：根据反馈对封面故事进行调整和改进，让它更完善。

你的锦囊

（1）**认真对待**：虽然封面故事是虚构的，但要严肃认真地对待它，把每一个细节都考虑周全。

（2）**视觉呈现**：用图画、颜色和符号来表达你的创意，让封面故事更加生动有趣。

（3）**多角度思考**：从不同的角度去思考创意，考虑每一个细节的可行性和实际效果。

（4）**团队合作**：和小伙伴们一起创作封面故事，集思广益，会产生更多的创意火花。

（5）**持续改进**：不断优化你的封面故事，根据反馈进行调整，直到大家都满意。

5 让大家一起参与

你需要知道

终于到了检验你设计的大舞台！通过前面几步，我们已经创建了一个理想的流浪动物庇护所原型，现在要在现实中测试它的效果。测试的目标是看看我们的设计是否能让社区居民和流浪动物都感到满意。今天我们要用一个超级有趣的工具——直观投票（Visualized-the-Vote）！通过这个工具，我们可以快速了解大家对我们设计的反馈，找到亮点和不足之处。

试一下

工具名称：直观投票

使用方法：

（1）**准备材料**：大白纸、彩色马克笔、便利贴、投票贴纸（如星星、圆点）。

（2）**召集多样化参与者**：确保参与者包括社区居民、志愿者、流浪动物保护组织成员，甚至一些对流浪动物关注较少的"外人"。

（3）**设定测试场景**：组织一次社区活动，让大家参观和体验流浪动物庇护所的设计原型。

（4）**展示原型**：把你的封面故事原型展示在大白纸上，让参与者可以清楚地看到你的设计和创意。

（5）**分发选票和说明规则**：给每个参与者分发一定数量的投票贴纸，解释投票的规则和标准，让大家明白投票的具体要求和目的。

（6）**直观投票**：

a. 整体投票：参与者先进行整体投票，对整个项目的整体设计进行投票。

b. 细节投票：然后参与者再对具体细节（如庇护所布局）进行投票。

c. 确保每个人同时投票，避免相互影响。

（7）**计票和讨论**：统计每个选项或设计元素的投票数，找出最受欢迎的部分和需要改进的地方。邀请参与者讨论自己投票的原因和看法，收集更多的反馈和意见。

（8）**收集反馈**：除了投票结果，还可以通过简短的问卷或口头询问，收集参与者的具体建议和意见。

（9）**调整和优化**：根据投票结果和反馈，调整和优化你的设计，让它更加完善。

你的锦囊

（1）**确保多样性**：邀请不同背景的人参与投票，确保反馈的多样性和广泛性。

（2）**清晰沟通**：在投票前，明确说明投票的规则和标准，确保每个人都明白如何投票。

（3）**保持安静**：投票过程保持安静，减少相互影响，让每个人独立思考。

（4）**合理时长**：控制投票时间，不要让过程拖得太长，以免导致参与者失去耐心。

（5）**鼓励真实反馈**：告诉参与者你需要真实的反馈，无论是好的还是不好的，这样才能真正改进。

（6）**细致记录**：无论是投票结果还是参与者的反馈，都要详细记录，便于后续分析。

（7）**不断优化**：根据反馈不断优化你的设计，让它们越来越完美。

帮助爷爷奶奶轻松使用科技

1 科技小帮手上线!

新的挑战

想象一下,有一天你成了爷爷奶奶的科技小帮手,帮助他们在纷繁复杂的科技世界中轻松前行。中国已经进入银发时代,科技发展飞速,但很多老年人跟不上这趟科技快车。

我们需要帮助他们克服在使用科技产品时遇到的困难，让他们也能享受科技带来的便利。这不仅是一次挑战，更是一种关爱，让我们一起来成为他们的科技小帮手吧！

你需要知道

为了真正理解爷爷奶奶在使用科技产品时的感受，我们要通过沉浸式体验，亲身感受他们的困扰。今天，我们要用"W-H-W（What？ How？ Why？）"这个工具来帮助我们深入理解爷爷奶奶的使用体验。

试一下

工具名称：W-H-W（What？ How？ Why？）

使用方法：

（1）**准备体验**：找一位愿意参与的爷爷或奶奶，作为我们的观察对象。准备一些常用的科技产品，如手机、计算机、平板等。

（2）**What（做什么）**：

a. 亲身体验：模拟老年人的视角，亲自尝试完成一些常见的科技操作，如发微信、看新闻、视频通话、网上购物等。为了更深刻地体验老年人的感受，可以采取下面这些方法。

b. 戴上老花镜：模拟老年人视力不佳的情况，体验看不清屏幕文字的困扰。

c. 戴上厚手套：模拟手指灵活度下降，感受操作触屏设备时的不便。

d. 用绷带缠住手指：模拟关节僵硬，体验输入文字和点击按钮时的困难。

e. 记录过程：详细记录每一步的操作，包括遇到的困难和感受。

（3）How（怎么做）：

a. 帮助爷爷奶奶完成同样的操作：观察他们的操作过程，注意他们是如何解决问题的。

b. 记录观察：记录爷爷奶奶的操作步骤、遇到的问题和解决方法。

（4）Why（为什么）：

a. 分析原因：分析爷爷奶奶在使用过程中遇到困难的原因，找出他们感到困扰的具体原因。

b. 深入探讨：和爷爷奶奶讨论他们的感受，了解为什么他们会觉得这些操作困难。通过深度同理，理解他们行为背后的情感需求。例如，是否因为感到孤独而想要更多的社交互动，或者因为害怕出错而感到焦虑不安。

（5）总结发现：

a. 综合分析：将自己和爷爷奶奶的体验进行对比，找出共性问题和关键痛点。

b. 深度同理：根据发现的问题，深入理解老年人在使用科技产品时的情感需求，如安全感、社交需求和成就感。

W-H-W (What? How? Why?)

任务	操作步骤	记录内容	分析原因	深度同理
1. 发微信消息	打开微信，找到联系人，输入消息，发送消息	操作过程中，找不到发送按钮，输入法切换困难	微信界面复杂，按钮位置不明显，输入法切换操作复杂	感到焦虑和困惑，害怕按错按钮或者发错消息，希望界面更直观简洁
2. 观看新闻	打开新闻APP，浏览新闻列表，点击新闻阅读	屏幕文字太小，看不清楚	字体默认设置过小，调节字体操作复杂	感到沮丧和失落，希望能够轻松调节字体大小
3. 视频通话	打开视频通话APP，选择联系人，发起通话，结束通话	操作过程中，误触挂断按钮，重新拨打困难	挂断按钮位置不合理，重新拨打操作步骤复杂	感到紧张和无助，希望挂断按钮更明显，操作更简单

你的锦囊

（1）**细致记录**：记录每一个操作步骤和遇到的困难，不遗漏任何细节。

（2）**耐心倾听**：在与爷爷奶奶讨论时，耐心倾听他们的感受和意见。

（3）**理解背景**：了解爷爷奶奶的背景和日常习惯，帮助分析问题的根本原因。

（4）**持续关注**：共情不仅是一次性的活动，要持续关注他们的使用体验，定期进行回顾和讨论。

噢，老人家原来是这样的

你需要知道

在这一步，我们要把在共情阶段发现的所有信息进行整理和分析，找出最关键的问题。就像整理一个杂乱的抽屉，我们要找到那些最重要、最紧急的"杂物"，然后集中精力收拾它们。在这一阶段，我们要利用"问题陈述模板"这个工具，帮助我们清晰地定义问题。

试一下

工具名称：问题陈述模板

使用方法：

（1）**回顾共情阶段的发现**：回顾我们在共情阶段使用W-H-W工具时记录的所有问题和需求，把这些信息整理成一个清单。确保每个问题都与老年人在使用科技产品时遇到的实际困扰相关。

（2）**分类和优先级排序**：把问题分成几个类别，比如"视觉问题""操作复杂度""界面设计"等。给每个问题设定优先级，从最紧急和影响最大的开始解决。

（3）**使用问题陈述模板**：

问题陈述模板的结构如下：

［目标用户］**需要**［目标需求］，**因为**［为什么需要］。

例如：老年用户**需要**更简单的微信界面，**因为**他们在发送消息时常常找不到发送按钮。

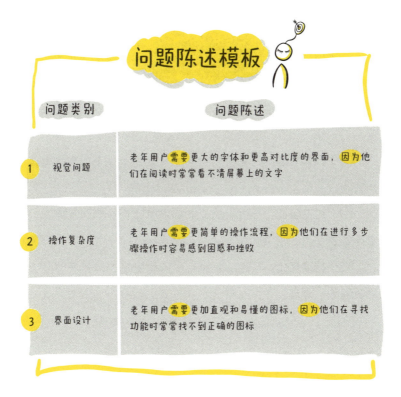

（4）**具体问题具体分析**：对每个问题进行详细描述，确保每个问题陈述都能明确地反映老年用户的需求和痛点。使用简单明了的语言，避免专业术语，让问题陈述更易于理解。

（5）**选择和确认**：与团队或朋友一起讨论这些问题陈述，确认它们是否准确地反映了老年用户的困扰。使用投票或打分的方式，从问题清单中选择出最重要的问题。根据讨论和投票结果，对问题陈述进行修改和完善，确保每个问题都能得到清晰的定义。

你的锦囊

（1）**保持简洁**：问题陈述要简洁明了，一句话概括用户的需求和原因。

（2）**聚焦用户**：时刻牢记目标用户是老年人，问题陈述要从他们的视角出发。

（3）**具体明确**：避免模糊和笼统的表述，每个问题都要具体明确。

（4）**讨论验证**：与团队成员或朋友多讨论，确保问题陈述准确反映了用户的真实需求。

（5）**持续优化**：不断回顾和优化问题陈述，随着更多信息的获取进行调整。

3 打开脑洞,看我的

你需要知道

现在我们进入第三步——创意构思!这一步是最有趣的部分,因为我们要尽情发挥我们的想象力,寻找解决问题的创新方法。构思阶段就像是在脑海中放烟花,让各种创意火花不断迸发,最终找到最适合的解决方案。今天,我们要使用一个超级有趣的工具——"反向头脑风暴"(Reverse Brainstorming),看看如何从不同角度找到解决问题的新思路。

试一下

工具名称:反向头脑风暴(Reverse Brainstorming)

使用方法:

(1)**确定问题**:选择一个你想解决的问题,比如"老年用户在使用智能手机时常常看不清屏幕上的文字"。

(2)**反向思考**:反向思考这个问题:如果我们想让问题变得更糟糕,我们会怎么做?举例:如何让老年用户更难看清屏幕上的文字?

(3)**列出反向思考的点子**:写下所有让问题变得更糟糕的点子。例如:

a. 使用更小的字体。

b. 增加界面的复杂度。

c. 减少屏幕对比度。

（4）**反转思维**：现在，我们要反转这些思考，找出每个反向点子的相反做法。例如：

a. 使用更大的字体。

b. 简化界面设计。

c. 提高屏幕对比度。

(5) **评估和选择：**

a. 评估这些反向思维产生的点子，选择那些最有可能解决问题的创意。

b. 可以根据可行性、用户友好度和创新性等标准进行评估。

(6) **详细描述**：对选定的点子进行详细描述，考虑具体如何实施。例如：

a. 提供可调节字体大小的选项，让老年用户根据需要调整字体大小。

b. 设计简洁直观的界面，减少不必要的操作步骤。

c. 提高屏幕对比度，增加文字的清晰度。

你的锦囊

(1) **大胆逆向思考**：在反向头脑风暴过程中，不要拘泥于常规思维，尽情发挥创意。

(2) **细化反向点子**：在列出反向点子时，尽量具体和详细，这样反转思维时会更有帮助。

(3) **鼓励多样化**：鼓励团队成员提出不同的反向点子，从多个角度考虑问题。

(4) **保持开放**：反向头脑风暴是一种非常开放的思维方式，要接受各种可能的创意。

(5) **结合实际**：最终选择的点子要结合实际情况，确保可行性和有效性。

4 制作"神器",大显身手

你需要知道

嘿,小创意家们!经过前面的脑洞大开,我们已经有了许多绝妙的想法。现在,是时候把这些创意变成实际的模型了!原型制作的目标是让你的创意从纸上"跳出来",变成一个可以看到、可以摸到的东西。今天,我们要用一个非常酷的工具——快速成型(Rapid Prototyping)。这个工具能让你用简单的材料快速制作出一个初步模型,测试创意是否可行。准备好大显身手了吗?

试一下

工具名称:快速成型(Rapid Prototyping)

使用方法:

(1)**选择一个创意**:回顾之前构思的创意,选择一个你最想实现的创意方案。

(2)**准备材料**:准备好卡板纸、扭扭棒、橡皮泥、乐高、彩色马克笔、剪刀、胶水、透明胶带等材料。

(3)**绘制草图**:在纸上绘制你的创意草图。简洁明了,展示出主要功能和布局即可。

（4）搭建原型：

a. 用卡板纸搭建：利用卡板纸构建出创意的基本结构，例如一个设备的外壳或一个界面板。

b. 添加细节：用扭扭棒和橡皮泥等材料添加细节，比如按钮、滑动条等功能部件。

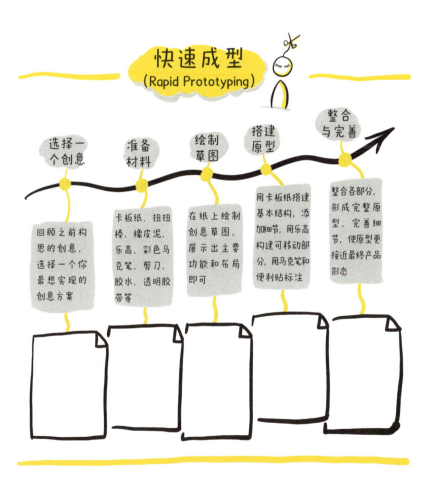

c.使用乐高：用乐高积木构建一些可移动的部分，模拟互动功能。

d.用马克笔和便利贴标注：用彩色马克笔和便利贴标注每个部分的功能和特点，增加原型的细节和说明。

（5）整合与完善：

a.整合各部分：将制作好的各个部分整合起来，形成一个完整的原型。

b.完善细节：通过增加细节和修饰，使原型更接近最终的产品形态。

你的锦囊

（1）**快速制作**：快速成型的目标是快速制作和验证，不需要太精细。用简单的材料和方法迅速搭建出一个初步的模型。

（2）**多样化材料**：尽量使用多种材料，卡板纸、扭扭棒、橡皮泥和乐高等，这样能让原型更加生动和有趣。

（3）**细节标注**：在原型上用便利贴标注每个部分的功能和特点，方便大家理解和功能展示。

（4）**简单易懂**：原型制作时，尽量保持简单易懂，不要过于复杂，确保大家一眼就能看明白。

（5）**灵活调整**：在制作过程中，随时调整和改进，不要拘泥于初始方案，应灵活调整。

5 爷爷奶奶们，来围观吧

你需要知道

终于到了测试阶段，爷爷奶奶们要来体验我们的创意啦！通过艺术博览会的形式，我们将原型展示出来，让爷爷奶奶们像参观展览一样体验，并给出他们的反馈。这样我们能获得宝贵的意见和建议，进一步改进我们的设计。

试一下

工具名称：艺术博览会（Art Gallery Walk）

使用方法：

（1）**准备展示区**：找一个宽敞的地方，将不同的原型方案布置成展览区，每个方案单独展示。

（2）**布置展览**：将每个原型方案的关键功能和使用方法用图文的方式展示出来，放在每个展览区域旁边，方便爷爷奶奶们了解。

（3）**邀请参与者**：邀请爷爷奶奶们参加这个"艺术博览会"，并告知他们参观的方式和反馈的方法。

（4）**讲解展示**：安排讲解人员在每个展览区域，向爷爷奶奶们详细介绍每个方案，并记录他们的即时反馈和意见。

（5）**投票和收集意见**：给每位爷爷奶奶发放投票贴纸，让他们在每个展览区域投票,选择他们最喜欢的方案。讲解人员也要仔细记录爷爷奶奶们的意见和建议。

(6)**分析结果**:根据投票结果和收集到的意见,分析哪种方案更能提升爷爷奶奶们的科技使用体验。

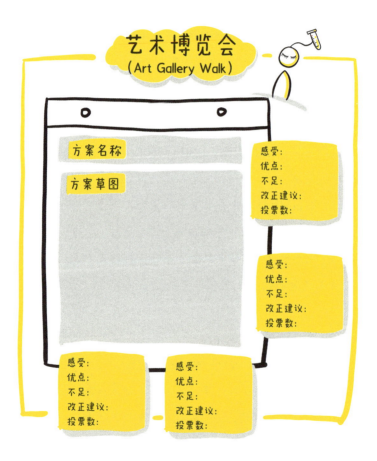

你的锦囊

（1）**吸引注意力**：将展览区布置得有趣、吸引人，使用大字和鲜艳的颜色，让爷爷奶奶们能轻松地看清楚。

（2）**简单明了**：展示内容要简洁明了，避免复杂的专业术语，让爷爷奶奶们一看就懂。

（3）**互动体验**：鼓励爷爷奶奶们动手操作原型，真实体验每个方案的功能。

（4）**真实反馈**：讲解人员要积极收集爷爷奶奶们的真实反馈，不要担心批评，这对改进非常重要。

（5）**多样性反馈**：确保参与者多样化，既有熟悉科技的爷爷奶奶，也有不太熟悉科技的，这样能获得更全面的反馈。

结 语

用设计思维让世界变得更美好

在这本书中,我们一起踏上了一段关于设计思维的探索之旅。每个章节都像是一次小冒险,让我们的思维更加敏锐,解决问题的能力更加出色。现在,我们来到了旅程的终点,但这不是结束,而是一个新的开始。我们不止获得了一种新的思考问题的方式和解决问题的工具,更开启了一扇通往无限可能的大门。

创新:用设计思维开启新世界

设计思维不仅是解决问题的工具,更是一种创造新世界的方式。想象一下,一个由创新驱动的世界,每一个角落都充满了创意的火花。从家庭到学校,从企业到社区,设计思维都在悄无声息地改变我们的生活方式。

以前，我们可能会对一个复杂问题感到束手无策。但现在，通过设计思维的五个步骤——共情、定义、构思、原型和测试，我们学会了如何一步步拆解问题，找到最佳解决方案。托马斯·爱迪生说："创造就是找到看似没有联系的事物之间的联系。"无论是制作一个完美的三明治，还是改造个人学习空间，设计思维都能帮助我们以创新的方式解决日常生活中的各种问题。

连接：设计思维让世界更亲密

设计思维的第一步是共情——站在他人的角度思考问题。这不仅仅是解决问题的技巧，更是一种生活的态度。当我们用心去感受他人的需求和感受时，我们的世界就会变得更加亲密，因为设计思维教会我们如何理解和尊重不同的观点和情感。

在你为父母设计惊喜生日礼物的过程中，你不仅创造了一个礼物，更拉近了与父母的关系。这正是设计思维的魔力——它让我们的社交关系更加温馨和真诚。

核心：同理心的力量

设计思维的核心不是创新和创意，而是同理心。美国诗人沃尔特·惠特曼曾说："站在别人的鞋子里，走一走。"这句话完美地诠释了同理心的力量。只有当我们真正理解了他人的感受和需求，我们才能找到最合适的解决方案。无论是在家里、学校还是社区，同理心都是设计思维的起点和终点。

青少年：设计思维的天然适配者

青少年是设计思维的天然适配者，因为你们充满活力，富有想象力和创造力。通过设计思维可以很容易跳出传统思维的框框，去尝试新的方法和思路。探索未知，能够在解决问题时展现出非凡的创意，正如爱因斯坦所说："想象力比知识更重要。"在这个过程中，你们不仅能找到解决问题的办法，还能在探索中发现自我，体验到创造的乐趣和成就感。

温度：以用户为中心的设计

设计思维的一个重要方面是挖掘用户未被发现的潜在需求。史蒂夫·乔布斯曾说："人们并不知道自己需要什么，直到你把它展示给他们。"通过设计思维，我们可以深入了解用户的真实需求，做出有温度、有意义的设计。每一个设计背后，都应该有对用户的深刻理解和关爱。设计思维始终将用户的需求放在首位，这是一种深刻的以人为本的方法，它要求我们在设计任何产品、服务或解决方案时，都必须深入了解使用者的真实需求和体验。从改造个人学习空间到设计一个社区书屋，设计思维帮助我们在每一个解决方案中注入情感。设计不仅仅是功能性的，更是情感连接的桥梁。

鼓励：每个人都可以成为 Design Thinker

设计思维是一种无比强大的工具，它能让你成为未来的创新者和问题解决者。在学习设计思维的过程中，你不仅能提升自己的创新能力，还能培养解决实际问题的能力。

我们鼓励每一个青少年成为 Design Thinker，将设计思维融入日常生活和未来职业中，秉承设计思维的精神，活出设计思维的状态。你将学会面对挑战时如何保持开放和创造性，如何协作解决问题，以及如何持续迭代与改进自己的作品。这不仅是一种技能的培养，更是一种能力的转变，使你能够在未来的学习和工作中，以创新的方式影响和改变世界。设计思维的学习和应用，将使你在各种环境中都能展现出领导力和创新能力。

未来：设计思维的无限可能

现在，你已经掌握了设计思维的基本原理和方法。未来，不论你走到哪里，都可以将这种思维方式带入你的学习、工作和生活中。不要忘记，每一个问题都是一个新的机会，希望你能够热爱设计思维，勇敢地去尝试，去创新，去改变世界，用设计思维去创造更多的可能，通过创新、同理心和勇气使这个世界变得更美好！

青少年设计思维
工具手册

郑懿——著

机械工业出版社
CHINA MACHINE PRESS

目 录

自制一份美味的三明治早餐 / 001

同理心地图 / 002

POV 陈述模板 / 003

创意脑图 / 004

三明治原型制作套件 / 005

三明治反馈卡 / 006

重新布局你的房间 / 007

情感日记 / 008

需求定义模板 / 009

思维导图 / 010

原型草图 / 011

友人体验测试表 / 012

打造个人高能日程表 /013

能量地图 – 绘制地图 /014

能量地图 – 发现心流与问题 /015

AEIOU 法则 /016

日程原型创意表 /017

日程测试记录表 /018

给父母的惊喜生日礼物 /019

同理心访谈指南 /020

需求圆点投票法 /021

团队创意记录板 /022

DIY 礼物原型工具包 /023

用户体验测试会议 /024

互动式学习提醒卡 /025

自我同理心地图 /026

深度同理 /027

创意构思矩阵 /028

快速原型工具包 /029

个人测试套件 /030

打造个人进步行动计划 / 031

自我探索地图 / 032

紧急 / 重要四象限 / 033

创意扩展图 / 034

行动计划制订器 / 035

行动效果评估器 / 036

属于自己的学习目标墙贴 / 037

超级学习者画像 / 038

信息收敛器 / 039

思维写作法（Mind Writing Method）/ 040

目标墙贴工作站 / 041

进度反馈记录器 / 042

妙手整理网络学习资源 / 043

自我同理心访谈 / 044

关键信息整理器 / 045

HMW 创意工作坊 / 046

学习线路故事板 / 047

A/B 测试工具包 / 048

探索和朋友共同的爱好 / 049

兴趣大爆炸 / 050

兴趣筛选器 / 051

兴趣头脑风暴 / 052

活动原型测试 / 053

反馈环 / 054

成为社交礼仪达人 / 055

观察笔记 / 056

亲和图法 / 057

SCAMPER 法 / 058

故事板（Storyboarding）/ 059

社交礼仪 A/B 测试 / 060

设计一个只属于你的头像 / 061

情感曲线 / 062

HMW 问题 / 063

脑写作法（Brainwriting）/ 064

纸上原型 / 065

花苞刺（Rose, Bud, Thorn）/ 066

温暖社区的爱心书屋 / 067

沉浸式体验 / 068

用户历程地图Ⅰ / 069

六项思考帽 / 070

3D 纸模制作 / 071

"I Like, I Wish, What If"反馈法 / 072

守护我们的"毛茸茸"朋友 / 073

深入访谈 / 074

用户历程地图Ⅱ / 075

疯狂八分钟 / 076

封面故事（Cover Story Mock-ups）/ 077

直观投票 / 078

帮助爷爷奶奶轻松使用科技 / 079

W-H-W（What? How? Why?）/ 080

问题陈述模板 / 081

反向头脑风暴（Reverse Brainstorming）/ 082

快速成型（Rapid Prototyping）/ 083

艺术博览会（Art Gallery Walk）/ 084

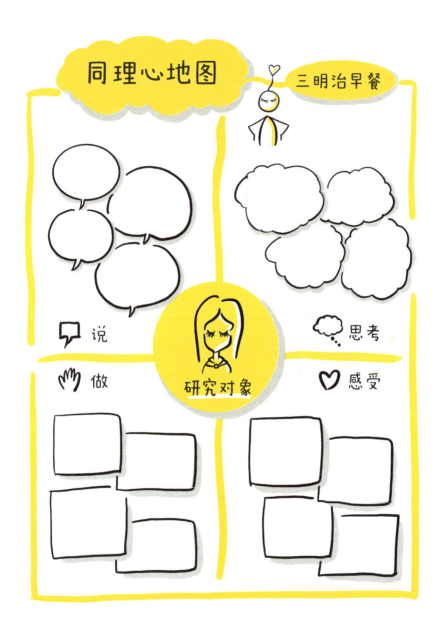

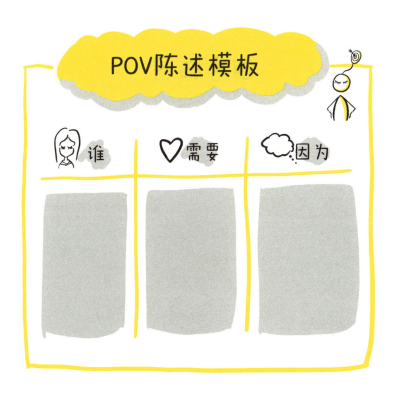

POV 陈述：

_____（谁）需要_____，因为_____。

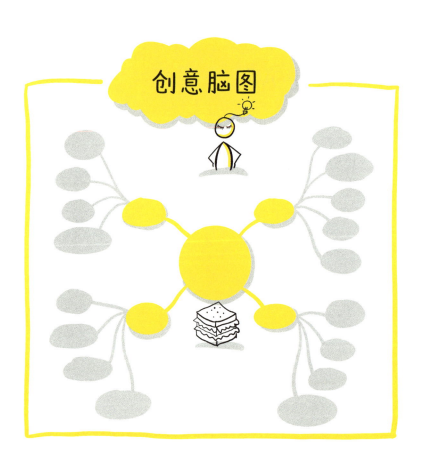

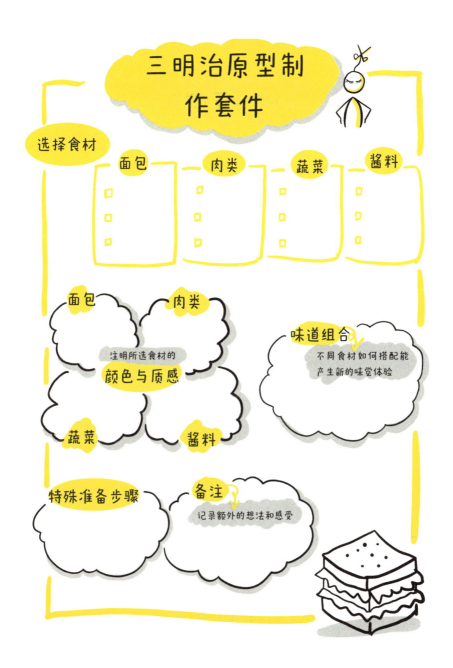

三明治反馈卡

你觉得这个三明治味道如何?
☐ 非常喜欢 ☐ 喜欢 ☐ 一般 ☐ 不喜欢
有哪些食材的味道你特别喜欢或特别不喜欢?

三明治的口感如何?
☐ 非常好 ☐ 好 ☐ 一般 ☐ 差
你觉得口感上有哪些可以改进的地方?

你对三明治的外观满意吗?
☐ 非常满意 ☐ 满意 ☐ 一般 ☐ 不满意
你有什么建议可以让三明治看起来更诱人吗?

你认为这个三明治在创意上如何?
☐ 非常创新 ☐ 有创意 ☐ 一般 ☐ 缺乏创意
有什么独特的食材或组合是你觉得可以尝试的?

你会推荐这个三明治给其他人吗?
☐ 一定会 ☐ 可能会 ☐ 不确定 ☐ 不会
如果给这个三明治打分（1~10分），你会打多少分?

你有什么其他建议或想法可以帮助改进这个三明治?

需求定义模板

	需求区域	现状描述	改变目标	优先级
1				
2				
3				
4				

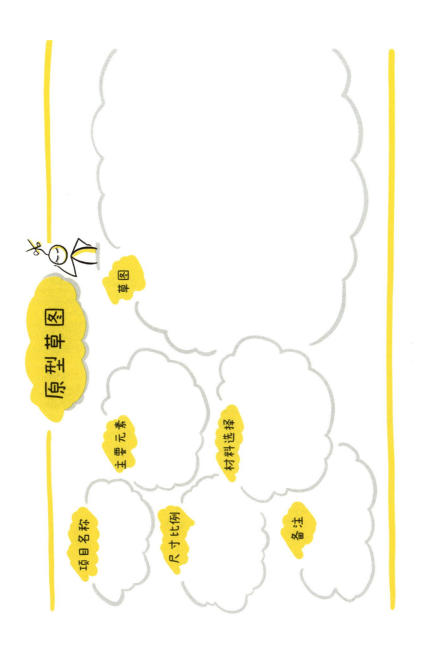

打造个人高能日程表

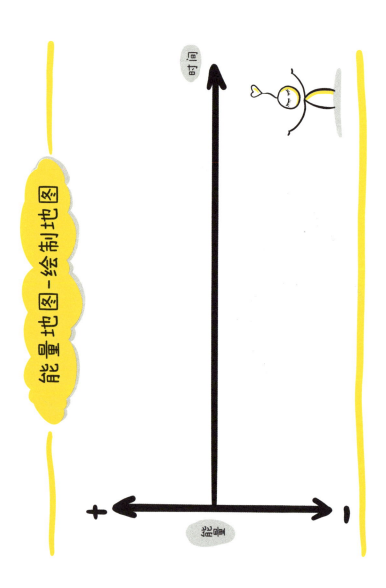

能量地图-发现心流与问题

时间

+ ←능량→ -

注：标出能量高峰、能量低谷和心流体验。

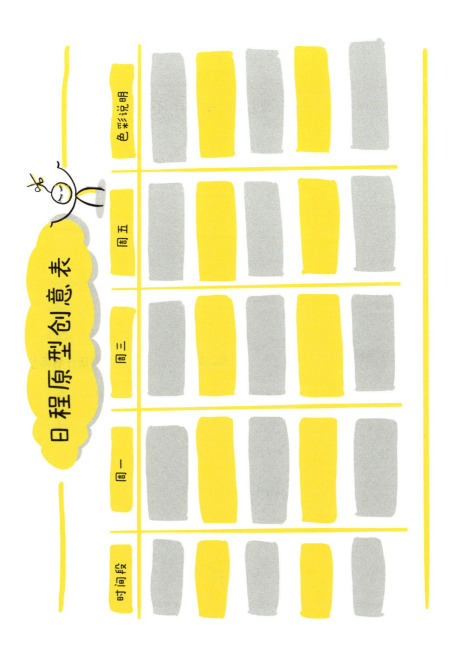

日程测试记录表

日程细节记录

时间段	计划的活动	实际活动	情感标记	效率打分(1~10)	调整建议

日总结

高效活动：

原因：

低效活动：

原因：

心得体会：

改进方向：

周总结

本周总体感受：

本周最佳活动：

待优化活动：

下周计划调整

学习时间：

下午任务安排：

整体节奏：

给父母的惊喜生日礼物

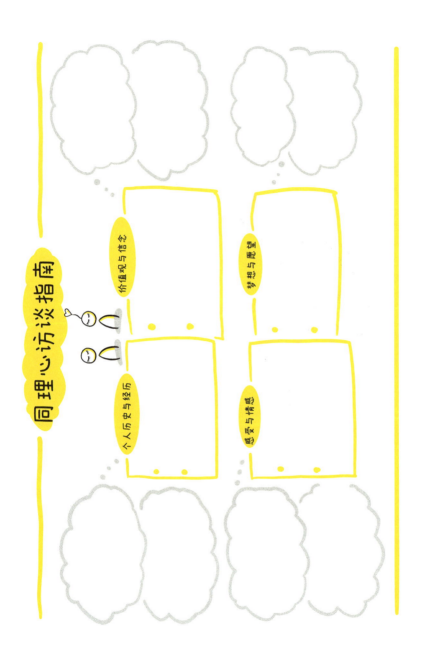

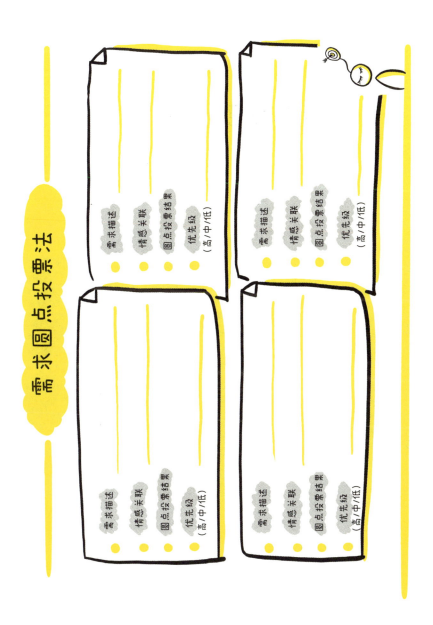

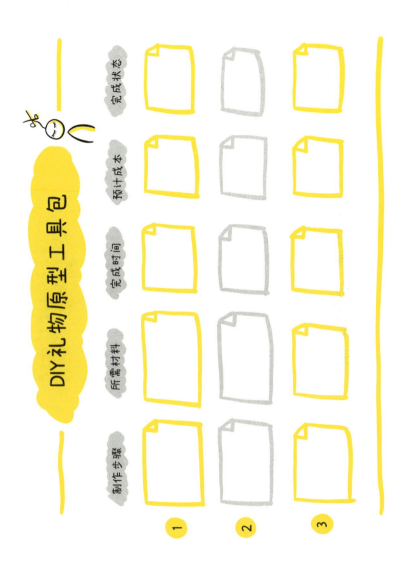

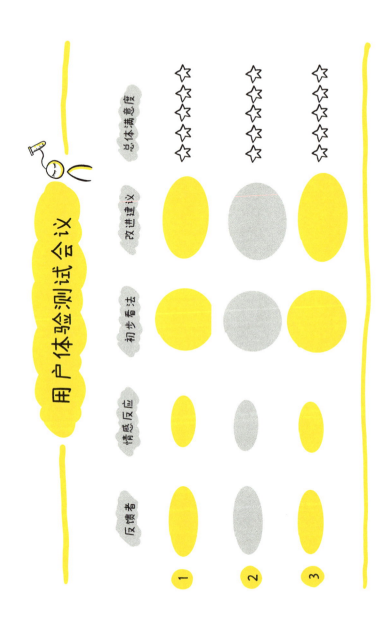

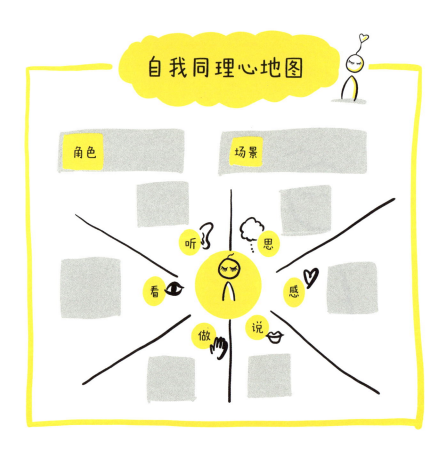

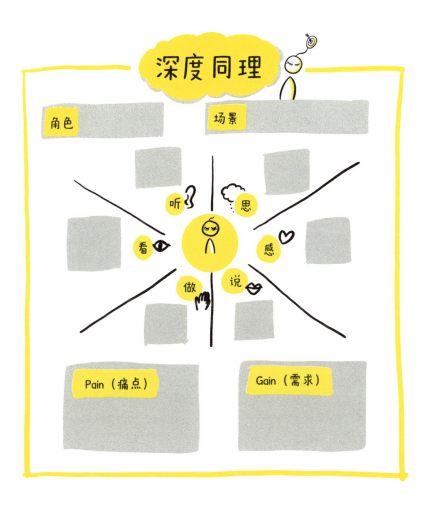

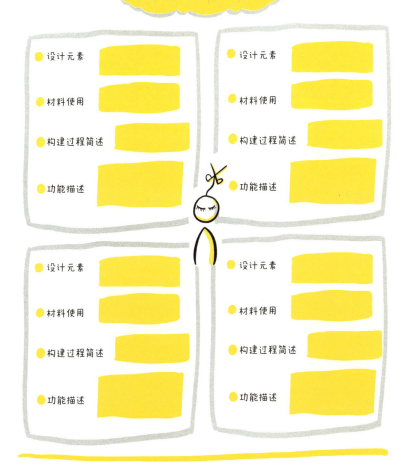

互动式学习提醒卡

个人测试套件

- 功能
- 测试点
- 操作体验
- 遇到的问题
- 改进建议

- 功能
- 测试点
- 操作体验
- 遇到的问题
- 改进建议

- 功能
- 测试点
- 操作体验
- 遇到的问题
- 改进建议

- 功能
- 测试点
- 操作体验
- 遇到的问题
- 改进建议

自我探索地图

- 情境
- 亮点
- 需改进之处
- 发现的模式

- 情境
- 亮点
- 需改进之处
- 发现的模式

- 情境
- 亮点
- 需改进之处
- 发现的模式

- 情境
- 亮点
- 需改进之处
- 发现的模式

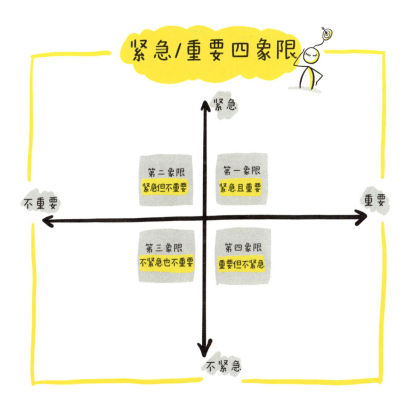

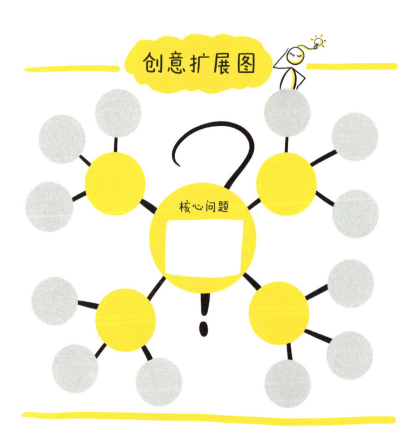

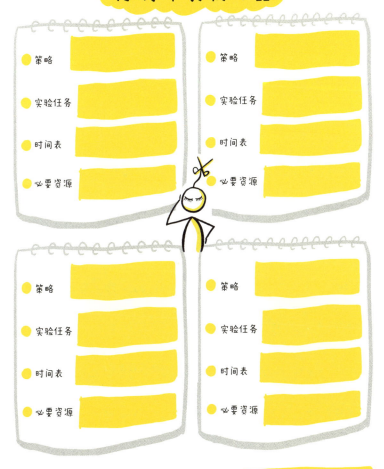

行动效果评估器

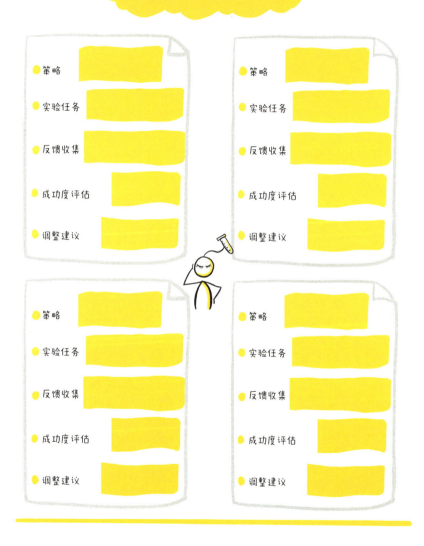

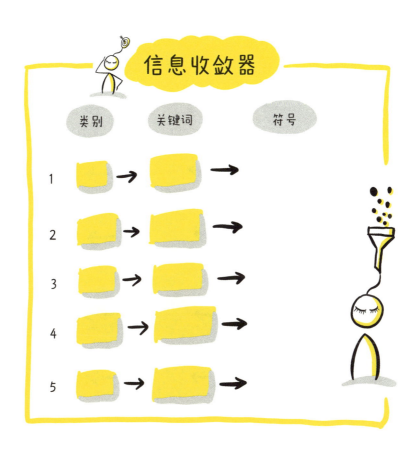

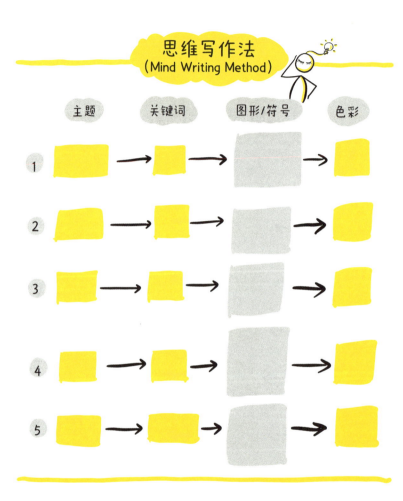

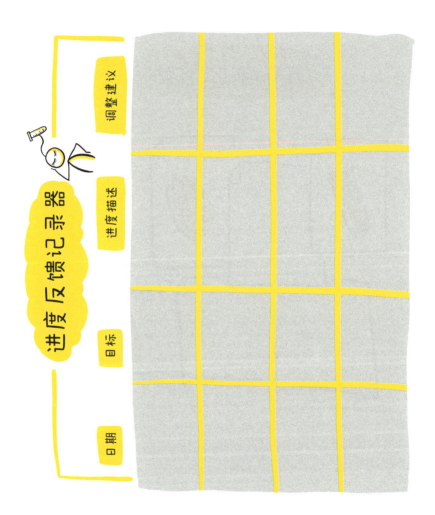

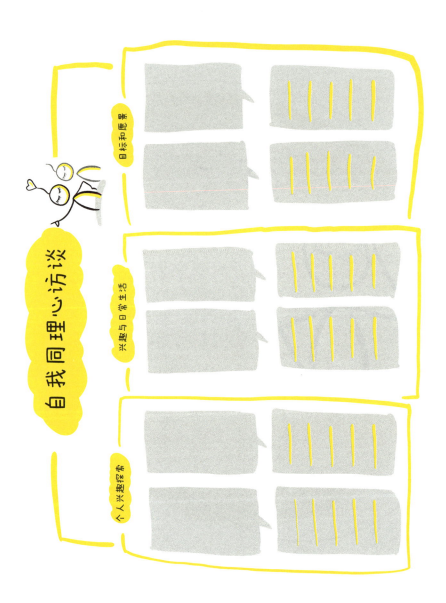

关键信息整理器

类别：
关键信息：
优先级：

类别：
关键信息：
优先级：

类别：
关键信息：
优先级：

类别：
关键信息：
优先级：

学习线路故事板

步骤	内容	资源需求	目标结果
1			
2			
3			
4			
5			
6			

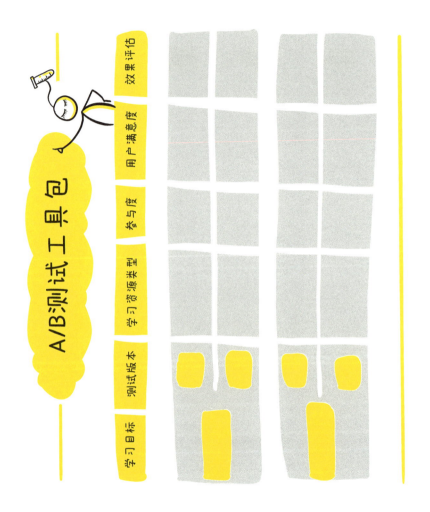

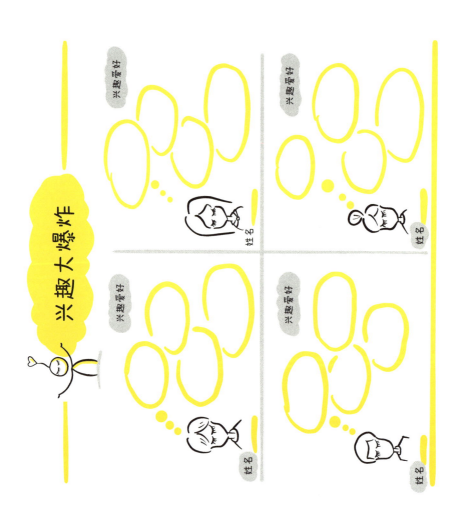

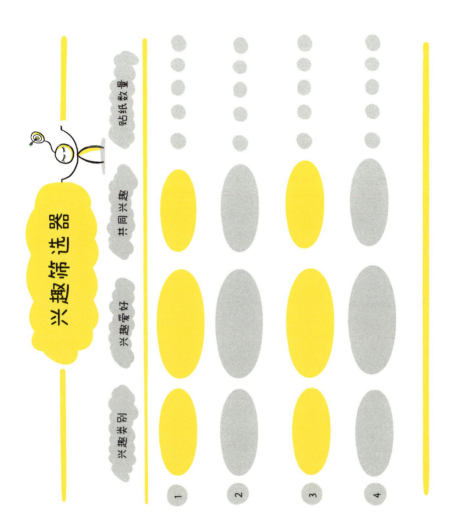

探索和朋友共同的爱好

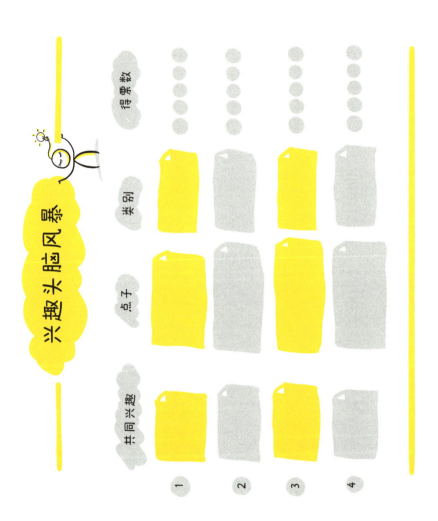

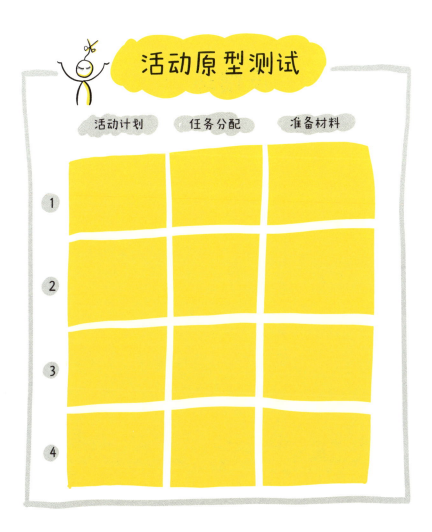

观察笔记

场合	观察细节	社交礼仪相关细节	情感反应
1			
2			
3			
4			
5			

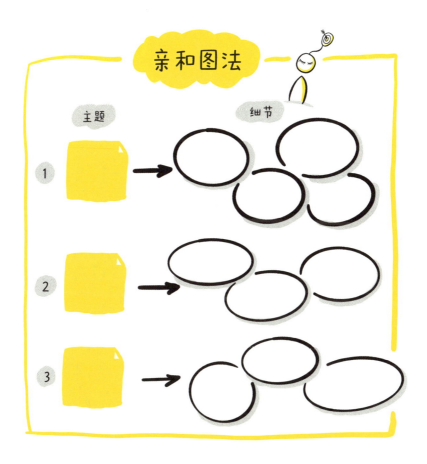

SCAMPER法

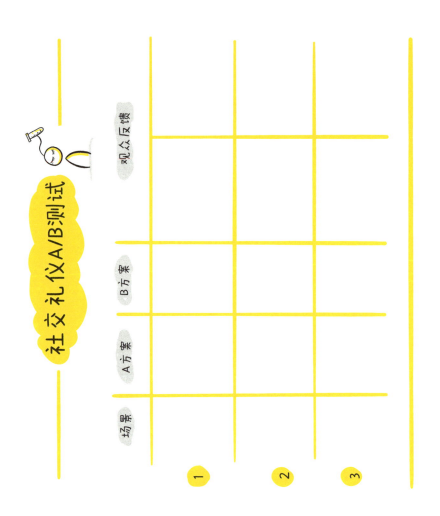

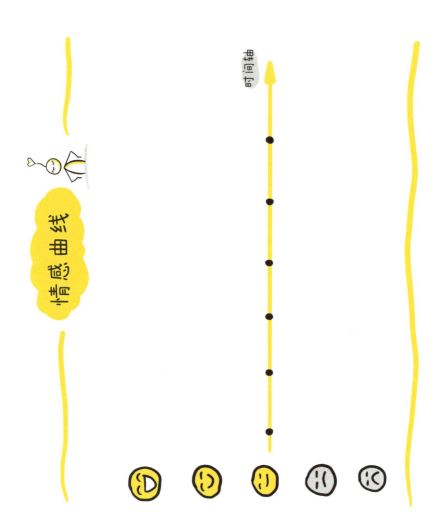

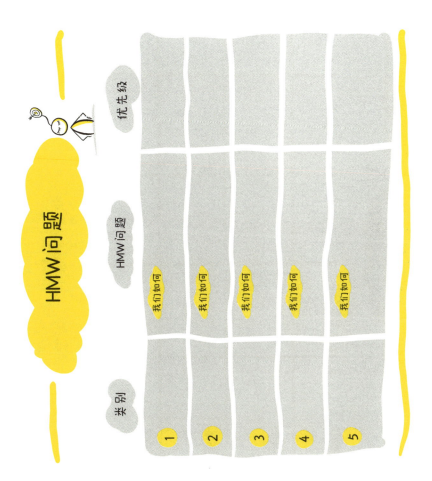

脑写作法 (Brainwriting)

HMW问题	创意想法（轮次1）	创意想法（轮次2）	创意想法（轮次3）	最终设计
1 我们如何				
2 我们如何				
3 我们如何				

纸上原型

步骤	描述
1 选择设计	从创意中选择最喜欢的几个设计
2 绘制草图	在纸上画出头像设计的大致轮廓
3 添加细节	用彩色笔和贴纸添加文字、图案和颜色
4 剪裁和拼贴	剪下各个元素，拼贴在一起
5 展示和调整	展示给朋友或家人，听取反馈并调整

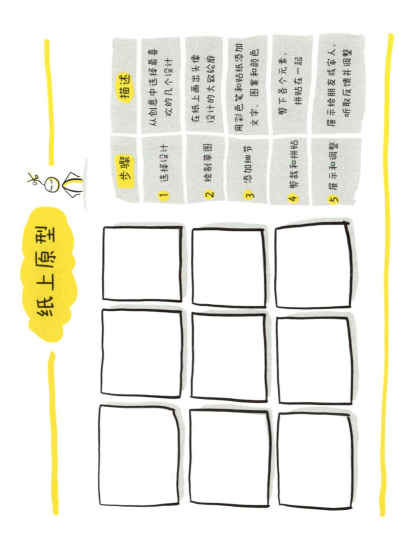

设计一个只属于你的头像

花苞刺
(Rose, Bud, Thorn)

版本	测试对象	花（Rose）	苞（Bud）	刺（Thorn）

沉浸式体验

角色

时间段	观察细节	情感反应	其他读者的反馈

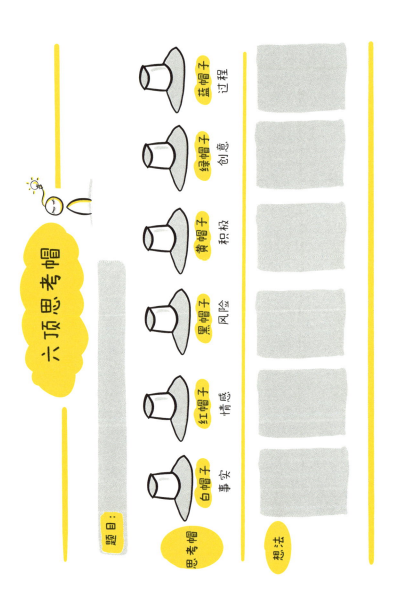

"I Like, I Wish, What If" 反馈法

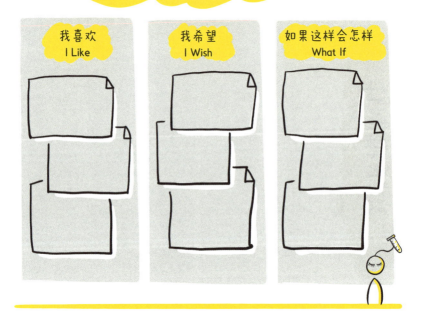

深入访谈

阶段	问题	受访者回答
建立联系		
引出话题		
深入讨论		
反对意见		
总结和感谢		

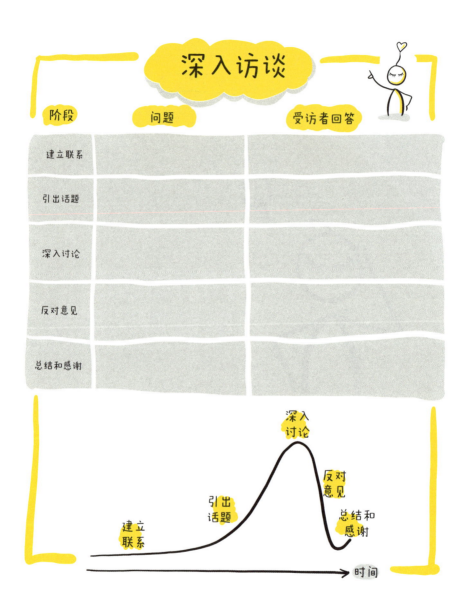

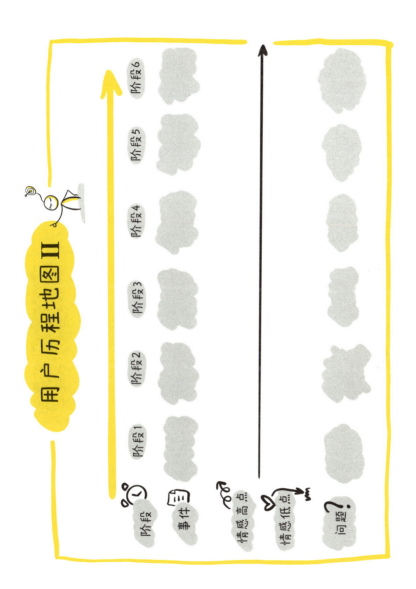

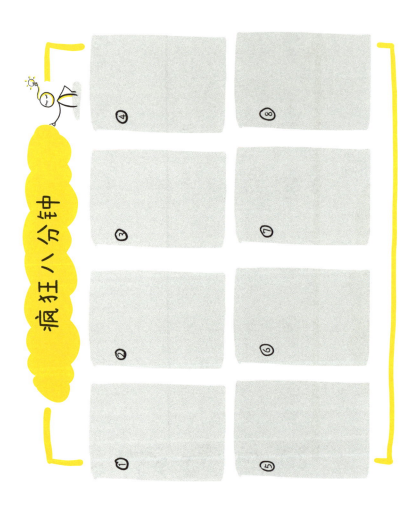

封面故事
(Cover Story Mock-ups)

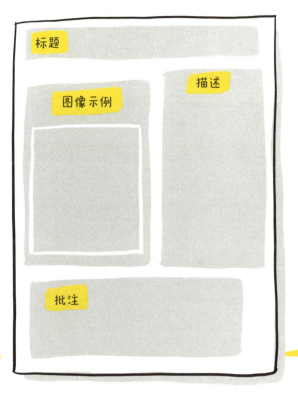

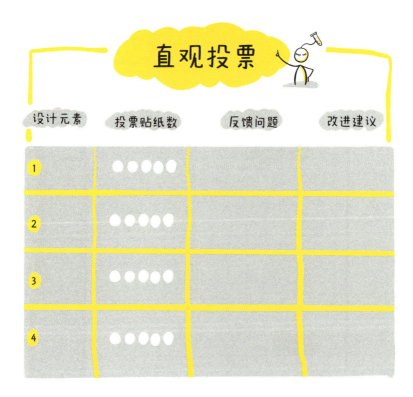

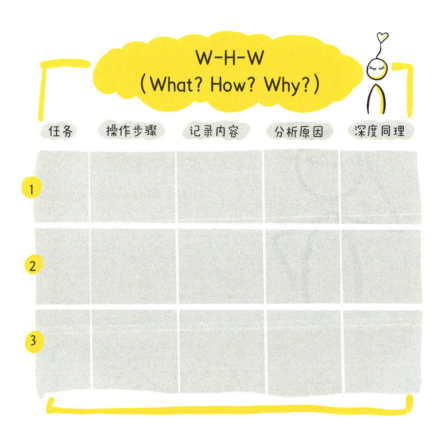

W-H-W
(What? How? Why?)

任务	操作步骤	记录内容	分析原因	深度同理
1				
2				
3				

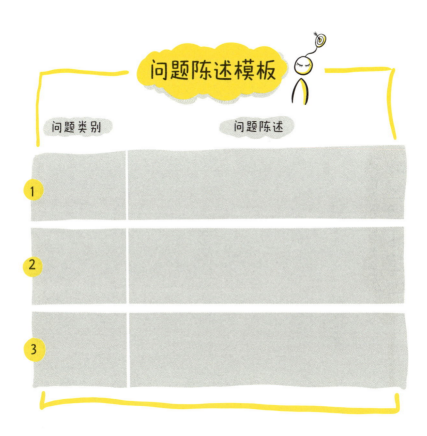

反向头脑风暴 (Reverse Brainstorming)

| 问题陈述 | 反向思考 | 反向点子 | 反转思维 | 解决方案 |

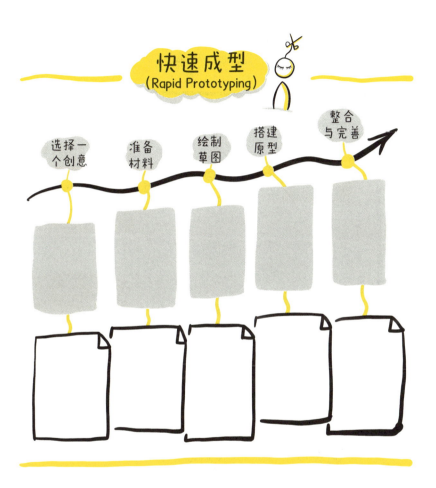

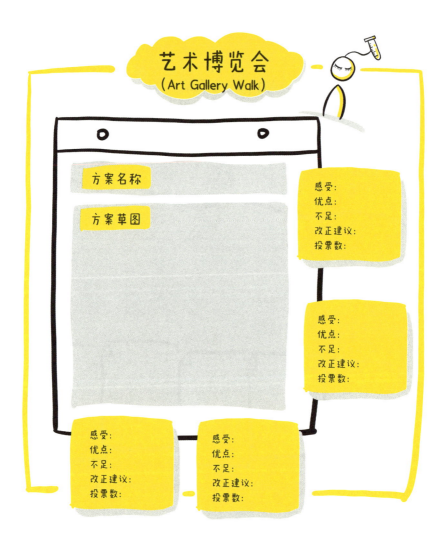